U0006076

京都職人教你家的軟裝法則

ナチュラルヴィンテージで作る
センスのいらないインテリア

Re:CENO（リセノ）——著
嚴可婷——譯

絕不退流行！

25個理論×83種實踐法

打造越住越有味道的住家

SE SHOEISHA
原點

空間職人教你
理論與創意

各種各樣的事物，都可以為生活增添色彩。

在社群網站發現、或是無意間在店裡看到喜歡的東西，

都可以成為生活的一部分。

只要懂得布置的基本規則與方法，就能過得更愜意。

不必太費力、也不想裝模作樣，

但還是想充實愉快地度過每一天。

為了這樣的讀者，我們推出了「空間職人教你理論與創意」書籍。

藉由空間職人根據經驗歸納出的理論，

以及能夠在生活中實踐的各種創意，

以賞心悅目的照片與簡單易懂的解說，完全不藏私的介紹出來！

「想打造有個人風格，可以自在放鬆的空間，但是效果不如預期……」

即使覺得自己不擅長布置，只要參考這本書就能得心應手。

不論是一個人住的獨立套房，
或是常見的出租公寓，
都能輕鬆改造。

由空間職人
為大家簡明易懂地解說
自然復古風格的布置原則。

採納「自然復古」風格
打造嶄新的空間吧。

CONTENTS

目錄

03 選擇家具的理論

04 軟裝布置的理論

05

實踐空間設計的創意

COLUMN

如何使用本書

本書介紹如何打造理想室內布置的方法與祕訣，分成理論與創意兩部分說明。

在PART 01，大致說明本書標榜的「自然復古風格」，並歸納出實際布置空間的過程。在PART 02～04，依照順序打造空間、選擇家具、家飾，並將特別的重點留在理論的部分解說。在最後的PART 05，將介紹實際運用理論的空間實例。

創意部分
PART 05

最後將介紹具體實踐前述理論的空間。包括獨立套房或家庭式空間，以及不同風格的擺設，各位可以參考符合自己喜好的空間。

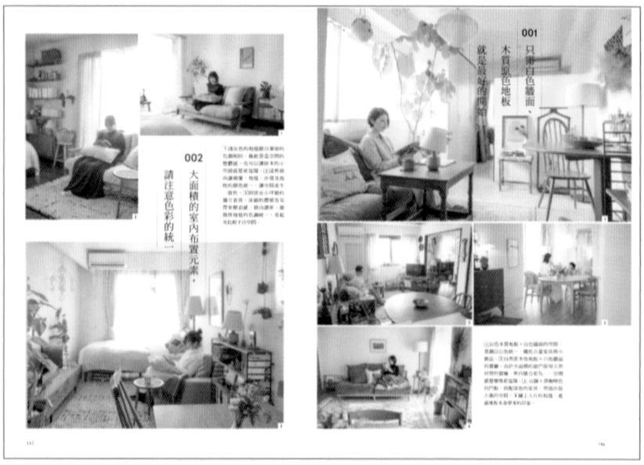

理論部分
PART 02 - 04

PART 02 首先解說打造空間的基礎，包括牆壁與地板、窗簾、照明計畫等。在PART 03 則是選擇家具的理論，並詳細解說室內布置的知識。在PART 04 歸納出如何運用軟裝布置，凸顯出空間的特色或展現自己的風格。

透過影片解說

從本書刊載的QR Code，可以點閱解說內容的影片。如果有想詳細瞭解的理論或專欄，請利用智慧型手機連結影片解說，加以確認。

（＊書中部份影片有可能因特殊狀況而刪除。）

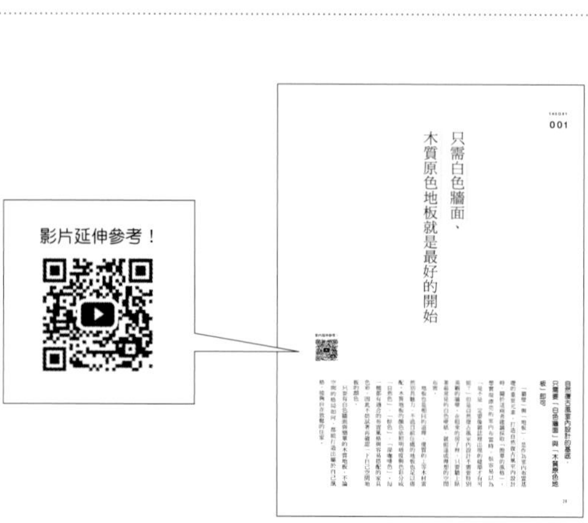

PART

01

運用自然復古風格
新手也能打造出品味空間

在這裡，首先解說什麼是本書希望達成的「越住越有味道的家」。

那究竟是什麼樣的風格？又注重什麼呢？

書中將依照實際布置空間的順序，加以解說。

即使毫無經驗，
也能打造出自然沉穩的好感住宅

影片延伸參考！

本書主張的是「自然復古風」室內設計。所謂的「自然復古」，是我們Re:CENO自創的說法。這種風格就是「以簡單自然的裝潢，搭配色調較暗、富有整體感的家具，混搭帶有復古風格的居家軟件，打造沉穩的印象。」

自然風格可以定義為「活用木頭、皮革、麻等天然材質，相較於色彩的表現，更注重質感」。在這裡藉由添加「彷彿經過長年使用，別具韻味」的復古要素，呈現成熟的氛圍、完成美好的室內布置。

剛開始嘗試室內布置的新手，或許會感到不安，懷疑自己是否能實現理想的風格。其實不必擔心，自然復古風格的布置，需要的不是「品味」，而是「理論」與「方法」。不妨試著學習室內布置的方程式，打造讓人放鬆自在、舒適美好的空間。

本書期待達成什麼樣的效果？

所謂的「自然復古風格」是盡量將空間的裝潢保持簡約，透過整體色調和重點裝飾軟件來完成室內布置。從租賃的獨立套房，到容納家庭的自住公寓或獨棟住宅，不論什麼樣的空間都適用，可以實現美麗的室內布置效果。而作為布置基礎的空間，不像國外室內設計雜誌或攝影集裡出現的豪宅也沒關係。

許多人應該都有這樣的經驗，實際上購買沙發或桌子等家具時，往往不清楚該選擇什麼樣的單品，即使覺得「這件家具好漂亮！」而買下來，還是與空間整體不協調，而使整個布置風格變得凌亂，或是因為太過單調而顯得乏味。

自然復古風格的室內布置，涵蓋讓空間更美好的基礎理論。依照這些理論，可以很輕易地解決新手容易遇到的問題。不需要因為「我就是缺乏品味」而放棄。只要掌握布置空間的方程式，每個人都能創造出美好的居家。

自然復古風格最大的特徵，就是簡約。作為軟裝布置的基礎空間，採用白色牆面與木質地板，是非常簡單的。家具的特徵是不受流行左右，可以長期使用。整體室內氣氛讓人放鬆，可說是讓大人和小孩都感到舒適自在的空間。由於不需要花很多錢裝潢，所以不論是建造新房子或是進行翻新，都可以將裝潢費用控制得比預期還低。

家具以柔和的色調為主，運用的顏色最多不超過三種。如果想引進時尚流行的元素，也可以透過增添主要家具以外的「裝飾軟件」。因為基本的空間布置規畫是簡約的，所以面對變化多端的時尚潮流，也能毫無困難地融入。

自然復古風的空間布置特色

溫暖

藉由感覺溫暖的木製品或裝飾軟件，布置溫馨的空間。

使人放鬆

彷彿置身咖啡館或優質的旅館，藉由柔和的燈光襯托出讓人放鬆的氣氛。

歷久彌新

採用木製品或黃銅、皮革、風韻獨特的中古物件，感受時間帶來的變化。

令人心安

藉由白色或咖啡色作為基本色，統一色調，打造出讓人靜下心來的空間。

有質感

排除廉價的工業製品，選擇天然材質製作的家具與單品，創造優質空間。

不易看膩

空間與家具都可以採用不受流行左右的基本款，才能耐看而且適合長久使用。

從零開始！教你打造空間的順序

①提供簡約的空間

作為室內布置的基礎空間，以簡約和自然風格為主

打造空間的基礎是牆壁與地板。因此在開始時，首先要以這兩者作為軸心來整理空間。

其實以自然復古風的室內布置來說，牆壁與地板只要維持簡單就可以了。牆壁的顏色是可以襯托家具與裝飾軟件質感的白色。地板可以是自然原木色、褐色、深咖啡色等一般顏色即可。如果是從零開始打造住宅，可以選擇與想搭配的家具顏色相近的地板和門窗配件，這樣色調更容易協調。不過，如果是租屋或已完工的住宅，即使地板或門的色彩不是自己喜歡的，也無須擔心。不論地板與門是什麼顏色，藉由室內布置的技巧，就能減少其中的差距。

詳細內容請參考本書第二章。

影片延伸參考！

②選擇基本的家具與室內設計

選擇色調一致且富有整體感的家具與室內布置

當準備好自然且簡約的空間以後，接下來要選擇家具和佔據面積較大的軟件元素，如地毯與窗簾等。由白牆及木質地板構成的空間，就像全新的畫布。在這樣的空間裡，選擇色調淡雅且富有整體感的家具，以符合自然復古風的要素，打造讓人心情沉穩平靜的空間吧。

自然復古風的居家布置特徵，就是「自然且帶有讓人自在放鬆的氣氛」。家具的材質建議採用木製。另外，基本色的選擇可以木質、土地和植物等自然元素為靈感，採用大地色系和黑、灰、白建構的無彩度之中性色調這兩種。由於這些色彩很樸素，無法讓個別的家具展現出華麗的效果，但可以藉由將所有的家具與室內軟裝的色調保持統一，以打造出能夠讓人寧靜放鬆的空間氛圍。

影片延伸參考！

影片延伸參考！

③藉由裝飾軟件增添風情

當基本的空間布置完成後，透過裝飾軟件添加色彩

在自然簡約的空間裡，擺設色調柔和且富有整體感的家具之後，便進入布置空間的最後階段。

光是材質與質感一致，容易讓空間顯得單調、缺乏個性且無趣。然而，通過添加一些吸引人的元素，除了可以提升整體形象外，並能使空間更加舒適。

自然復古風室內布置的重要特徵，不是藉由色彩創造視覺焦點，而是藉著增添「裝飾軟件」來營造亮點。所謂的裝飾軟件，是指成為空間視覺焦點的雜貨與小東西等。在本書中，這些軟件可以是古老而有趣的復古物件、隨著時間變化的物品、織品或編織物、自然材質等。本書介紹了每種特色和使用方式，透過這些物件，為自己空間增添獨特的風格。

影片延伸參考！

不需要獨特品味，

就能布置出有個人風格、能夠自在放鬆的空間。

接下來，從下一章開始，將逐一介紹實際運用的理論。

- 如何規劃空間→**PART 02**
- 如何選配家具→**PART 03**
- 利用軟件布置→**PART 04**
- 運用理論布置空間的實例→**PART 05**

PART

02

打造空間的理論

本章將解說實際的理論。

首先是作為軟裝布置基礎的牆壁與地板，

以及佔據較大面積的窗簾與地毯。

另外，也將詳細解說

關於影響空間效果的照明。

THEORY

001

只需白色牆面、木質原色地板就是最好的開始

影片延伸參考！

自然復古風室內設計的基底，只需要「白色牆面」與「木質原色地板」即可

「牆壁」與「地板」，是作為室內布置基礎的重要元素。打造自然復古風室內設計時，關於這兩者建議採取「簡單的風格」。想實現漂亮的室內布置時，很容易以為「是不是一定要像雜誌裡出現的建築才有可能？」但是自然復古風室內設計不需要特別美觀的牆壁。在租來的房子裡，只要牆上貼著最常見的白色壁紙，就能達成理想的空間布置。

地板也是相同的道理，優質的上等木材當然別具魅力，不過目前住處的地板也足以搭配。木質地板的顏色依照明暗度與色彩分成「自然色」、「棕色」、「深咖啡色」。每一種都有適合的布置風格與容易搭配的家具色彩，因此不妨試著再確認一下自己空間地板的顏色。

只要有白色牆面與簡單的木質地板，不論空間的格局如何，都能打造出屬於自己風格，能夠自在放鬆的住家。

Premium

想要擺設的家具與地板顏色的關係

即使因為租屋等因素，地板的顏色不是自己喜歡的，也不要放棄打造理想的空間

在布置空間時，由於地板佔據的面積很廣，因此對於室內布置的影響很大。如果從零開始布置空間，選擇跟家具擺設相近的地板顏色是最理想的。

但是如果在外租房子，未必總是能找到完全符合個人喜好的地板顏色。譬如明明喜歡清爽的自然色，但是地板有可能是沉穩的深咖啡色。儘管如此，搬家時並不需要配合地板顏色添購家具。

試著花點心思在家具的擺設，或鋪上地毯等方式來淡化地板顏色的影響。只要懂得搭配的技巧，就不必為地板顏色而煩惱。

淺色的地板

空間地板是自然淺色系，容易給人清爽的印象，也會帶來寬闊的視覺效果。如果家具的顏色也搭配自然淺色調，就會呈現出輕盈而不壓迫的印象。這種地板經常運用在自然風格或北歐風格的居家布置。

深色的地板

如果空間地板是較暗的咖啡色，會帶來沉穩的印象。如果搭配棕色的家具，會顯得更穩重。在強調復古風的布置相當常見。相反地如果搭配淺色家具，形成對比也不錯。

擺設家具與鋪上地毯之後，地板顏色比較不明顯

地板的色調會強烈影響空間印象，純粹是因為所佔面積較廣。在空間裡放置必需的家具後，就能大大地減少地板顏色的可見部分，因而減弱對地板的印象。另外，如果用地毯遮蓋大面積的地板，也能發揮作用。

自然淺色地板

棕色地板

白色地板

影片延伸參考！

空間職人的叮嚀

如果有機會翻修或是蓋新家，建議可以將一面牆漆成彩色，或是鋪上木料作為創造牆面的質感。如果在外租屋，只要利用自黏式的壁紙，就不會傷到牆壁，也不會留下痕跡，相當方便。

另外，光是藉由牆壁與地板就能塑造出自然的風格，如果還想追求更好的效果，不妨著眼於門片或柱子的色彩。地板也是一樣，如果能跟家具或門窗的色彩搭配，就能減輕對比，襯托單品物件的質感。

成為焦點的牆面

統一家具及門窗顏色

大面積的室內布置元素請注意色彩的統一

影片延伸參考！

如何選擇家具與窗簾、地毯等面積較大的布置要件

各位可曾有這樣的經驗：雖然購買了喜愛的沙發或桌子試著布置空間，卻沒有達到預期的效果。為什麼會這樣呢？可能是購買家具前，未經思索「色調統一」、「色彩搭配」這些要素所致。剛開始嘗試室內布置的人，在思考要選擇什麼樣的家具時，很容易把焦點放在單一物件上。像沙發或桌子這類元素，不管設計得有多可愛漂亮，如果完全不考慮色調與配色就直接搬進屋子，與原先的家具不協調的機率很高。換句話說，只要能先掌握這兩項重點，就不會將家具視為單一物件，而是「構成空間的要素」。這樣就不會在添購家具後，空間的擺設顯得零零散散，缺乏整體感，導致失敗的結果。

不只是沙發或桌子，挑選在空間裡佔據相當面積的窗簾或地毯時也是同樣道理，所以接下來將為大家說明色調與配色的祕訣。

什麼是色調？

大型的軟裝布置要件，可從比較沉穩、偏暗色調選起

下圖是由不同「色相環」構成的色相分類圖。縱軸表示明度，越往上越亮，越往下越暗。橫軸表示彩度，越偏右越鮮豔，越偏左越淡。在色相分類圖中，明度與彩度相似的色相聚集在一起，稱為「色調」。譬如藍色也有分鮮豔的藍、柔和的藍、深邃的藍等各種色調。如果無視於其中的差異，硬是將不同色調的色彩搭配在一起，就會出現不協調的結果。構成空間整體要件的家具色調也是如此。只要空間整體的色調相同，就會形成和諧、令人感到寧靜自在的空間。「自然復古風」追求讓人舒適自在且平靜的效果，因此建議最好選擇彩度較低的色調。

各種色調的分類圖

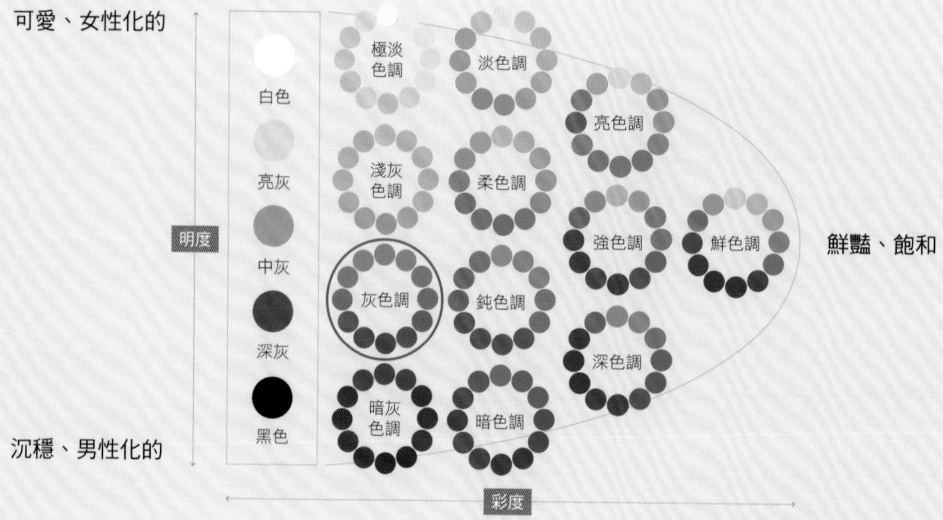

自然復古風布置所運用的色調，接近「色相分類圖」的「灰色調」。

不和諧的色調

如果貿然引入與其他家具不同色調、相對顯得鮮豔的沙發，單物件的沙發可能會顯得突兀，空間整體上的統一感也變得難以呈現。

和諧的色調

選擇與周遭家具色調相似的沙發，空間會有一致性，形成讓人寧靜放鬆的空間。在添購新家具時，建議可以選擇相同色調的物件。

藉由色彩醞釀整體感

選擇大地色系與中性色，為空間塑造寧靜放鬆的氣氛

「自然復古風格」的基本色是「大地色系」與「中性色」這兩類，這種搭配組合將會為空間帶來一致性。大地色系是源自樹木或土石、植物等自然界的色彩，由於彩度較低，可以帶來沉穩靜謐的印象。中性色則是只有明度的顏色，像是白色、灰色、黑色等。中性色正如其名，沒有彩度，因此不會影響到其他顏色。

雖然在一般的軟裝布置案例，的確也有選擇喜歡的沙發顏色作為強調色的技巧，但是在自然復古風格，不會加入特殊色彩作為點綴，而是以整體的協調優先。若想達到畫龍點睛的效果，主要會利用裝飾軟件來點綴。

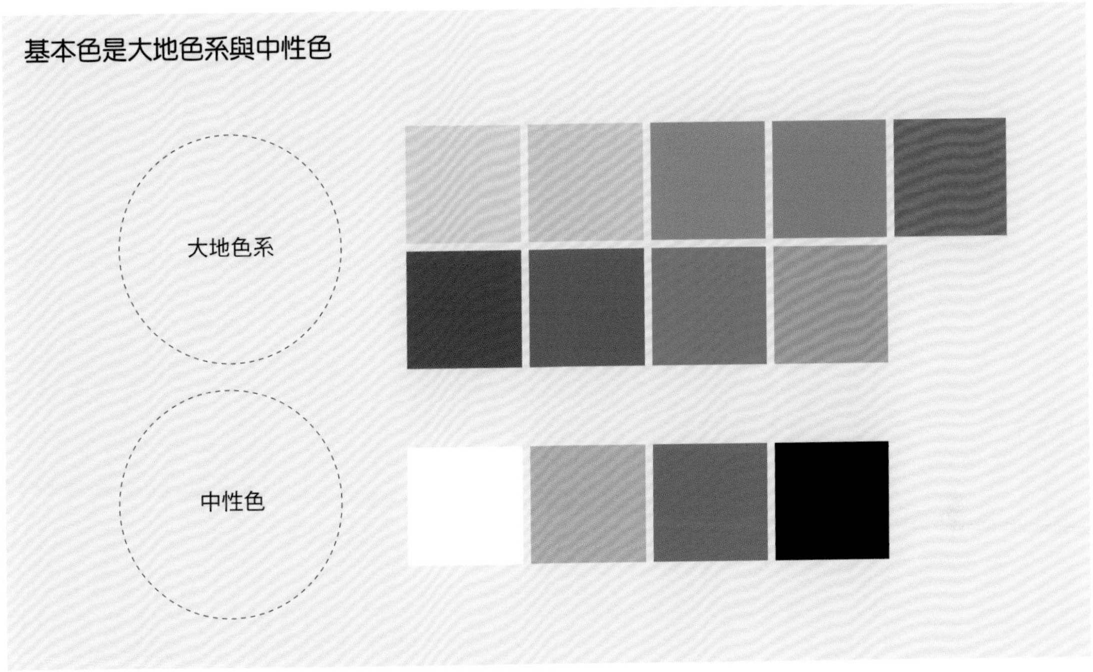

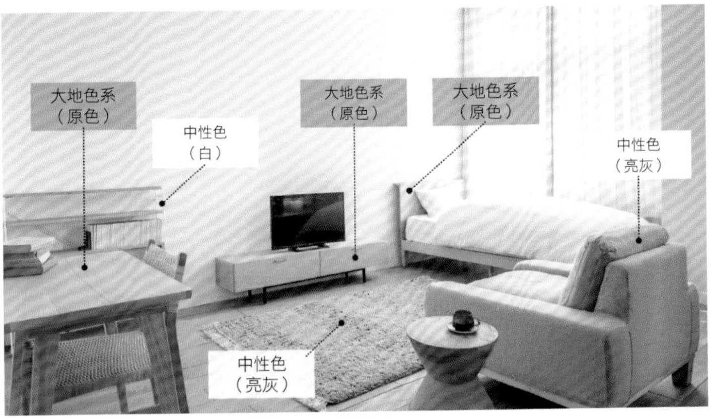

桌子與電視櫃、床屬於大地色系，層架之間的牆面與地毯、沙發則是中性色，形成一致性。大型家具容易成為室內布置的主角，選購沙發等單品時，如果想採用自己喜歡的色彩，最好考慮其他家具的色調，選擇令人平靜放鬆的顏色。

選擇地毯的色調與色彩

在挑選地毯或窗簾時，色調與顏色是重點

地毯與窗簾在空間裡也佔據相當大的面積，挑選重點是色調的統一與色彩搭配。跟選擇家具時一樣，盡量以彩度較低的大地色系或中性色為主。以大地色系統一的空間，只要加上些許藍色或黃色就會很醒目，但也會破壞整體的和諧。如果採用有花樣與圖案的窗簾會過於搶眼，造成喧賓奪主的結果，完全違背自然復古風格所追求的目標。藉由選擇有一致性的單品，可以打好基礎，實現讓人感覺自在的室內布置。

關於地毯，可參考自38頁開始的詳細解說。

色調不協調

如果選擇的顏色跟大地色系或中性色明顯不同，地毯會過於醒目，破壞空間整體的印象。佔據空間相當面積的地毯，請選擇大地色系或中性色。

選擇中性色

佔據大面積的地毯最適合中性色，這樣就不會干擾其他家具的色調。彩度較低的色調讓人不易產生深刻印象，反而可襯托一旁的家具。但若太亮的白、有光澤的灰、太濃厚的黑等都會破壞整體和諧，要盡量避免。

顏色過於鮮豔無法融入背景

雖然採用大地色系的地毯，但因為顏色太亮，與整體色調不合，跟背景格格不入。由於破壞了整體協調，顯得太搶眼。即使同屬於大地色系，最好也選擇彩度較低的製品。

選擇較暗的色調

只是把色彩鮮明的地毯換成沉穩色調的地毯，就能將整個空間的氣氛變得柔和靜謐。更換後的地毯跟周遭的家具與室內布置顯得更加協調。

選擇窗簾的色調與色彩

淺色的窗簾

選擇米色或白色等淺色的窗簾，很自然地就能跟白牆相襯。而且因為白色是膨脹色，具有讓空間看起來更寬廣的效果。以自然復古風布置來看，窗簾選擇米色或白色等淺色是最恰當的。

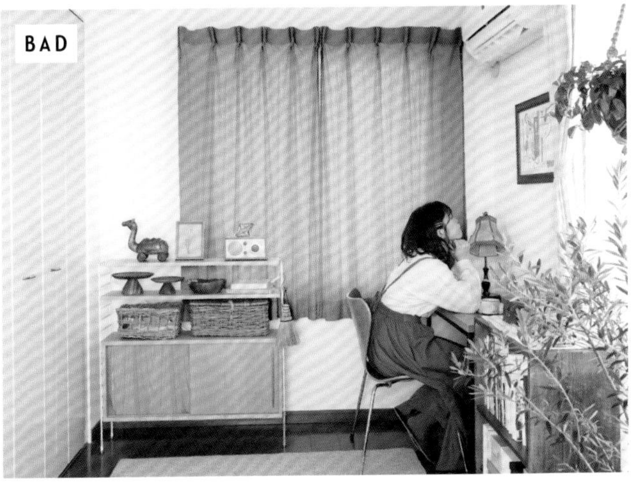

深色的窗簾

由於地板的顏色多半是米色或咖啡色，若是地毯選擇深色，搭配起來毫無衝突。然而，窗簾通常安裝在與白牆相鄰的位置，如果使用深色或太過濃厚的色彩，窗簾本身的存在感可能會過於強烈，同時也可能使空間看起來較狹窄。

藉由窗簾的質感增添變化

感受亞麻或純棉特有的天然材質質感

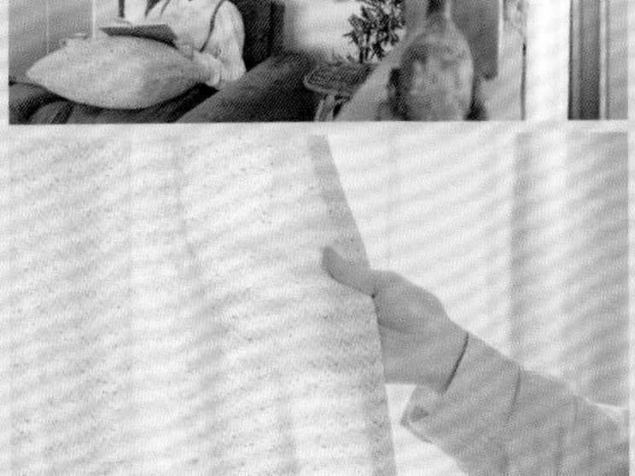

窗簾在空間裡佔據相當面積，也是日常生活中經常看到的家飾品。因此各位或許會覺得「樣式簡單的窗簾容易給人單調的印象」、「全都是素面好像有些乏味，所以想選有色彩或圖樣的款式」。的確，太過簡單的窗簾看起來就好像只是牆壁的延伸，感覺不出什麼情調。自然復古風的布置，不是透過色彩或圖案的變化，而是使用亞麻或棉等不同的天然材質，以增添質感和變化。憑藉材質本身的質地為空間賦予表情，創造自然美好的居住氛圍（請參照P44）。

只要鋪上地毯就能為空間帶來張力

影片延伸參考！

可區隔空間，也可為生活帶來變化地毯的效用超乎預期！

你的空間有鋪地毯嗎？如果沒有，建議立刻試試看。其實光是鋪地毯，就能帶來許多好處。

其中最大的好處是可以將空間畫分不同使用區域，將生活空間做有效利用。譬如在客廳與餐廳相連的空間，只要在客廳鋪上地毯，透過視覺效果與腳踏在地毯上的觸覺，就能形成界線。藉由這樣的區隔，能夠分辨適合放鬆的區域，以及用餐與工作的區域，讓生活有所不同。客廳區域也會變得更加舒適，可以坐或躺臥在地上、讓小朋友遊玩，變成更適合休閒的空間。此外，如果地毯有一定的厚度，當物品墜落時不僅能減輕聲響，也能防止地板受損。

此外，地毯還有徹底扭轉空間印象的效果。只需根據心情更換地毯的顏色，或者引入具有季節感的材質，就可以輕鬆享受四季風格變化和搭配的樂趣。

Premium

藉由大地色系與中性色，打造令人放鬆的空間

選擇彩度較低的地毯增添復古感

選擇地毯時的第二個重點是「顏色」。建議選擇偏灰的白或乳白、米色系、咖啡色系、灰色系等彩度較低的色調，襯托出感覺沉靜的空間。而且這四種色調跟既有的家具都很好搭，可以襯托出自然的復古色調。關於質料的選擇，從116頁開始也有解說。

一般的室內設計配色中會透過增添吸引人的主色，在空間中營造出「視覺焦點」。但是這種主色有時可能會破壞平靜的氛圍，因此在自然復古風的布置中並不採用。建議選擇簡單低調的色彩。

灰色系中性色

由於灰色是中性色，不會對室內設計造成干擾，能夠融入各式各樣的空間。如果是有圖案的地毯，選擇同色系就不會過於顯眼。

乳白或米色系

想要表現柔和的印象時，建議選擇乳白或米色系地毯，可以營造出自然的氛圍。

咖啡色系

能夠襯托出沉穩平靜氛氛的咖啡色，適合打造男性化的空間。同時，也推薦考慮使用具有民族風格圖案的物品，來增加變化。

影片延伸參考！

最理想的地毯尺寸是「比沙發稍微大一點」

選擇比沙發稍微再寬一些的地毯

在客廳鋪地毯時，由於室內布置的中心是沙發，若以沙發的尺寸來選擇地毯的大小，比較容易取得平衡。原則是「地毯尺寸應比沙發再稍微寬一些」。如果是寬180公分的沙發，最好鋪上190公分的地毯。如果地毯的尺寸稍微大一些，即使比沙發更寬，也不會顯得不協調。

另外，還需要考慮生活方式的不同，比如經常坐在沙發上，還是更喜歡在地板上放鬆，需要的地毯尺寸也有所不同。藉由選擇適當的地毯大小，就能布置一個舒適的空間。

當地毯比沙發小的時候，會給人一種侷促的印象。若以沙發為中心的生活方式，建議選擇地毯比沙發寬度還要大約10cm左右。如果經常在地板上休息，選擇更大尺寸的地毯可以更輕鬆自在地度過時光，減少壓力。

影片延伸參考！

一般市面販售地毯的尺寸與用途

市面上各種各樣的地毯，一般最常見的尺寸是190×130cm，如果要坐臥，已相當足夠。如果要再大一些，還有250×200cm。如果是這樣的大小，也足夠將兩座沙發呈L字型擺設。如果想讓小朋友在客廳玩耍，這樣的尺寸已十分充裕。

THEORY

004

花色圖樣OUT！窗簾首重天然材質、尺寸適中

影片延伸參考！

將簡單的天然材質窗簾融入空間設計

想達成自然復古風格的室內布置，對於窗簾的選擇可依循「簡單的設計」、「有質感的天然材質」兩項原則。

窗簾在空間中佔據較大的面積，是一個具有很大存在感的物品。只要設計簡單，就不會太過顯眼，可以布置出舒適的居住空間。有圖樣的窗簾雖然看起來時髦漂亮，但是本身給人的印象很強烈，容易讓人感到厭倦。而且如果窗簾上的圖案很容易喧賓奪主，也會破壞空間的整體感。

還有一點很重要的是選擇「有質感的天然材質」。雖然設計簡單的窗簾可以襯托出質感，但是材質若選擇合成纖維或便宜的窗簾，通常感覺人工且平淡，難以呈現出生動的表情。相比之下，天然材質的窗簾因為本身的自然質地，容易帶來高品質的印象。

如果採用成套的天然材質窗簾組，可以搭配一些薄而柔和的蕾絲窗簾，讓柔和的日光引進室內。在選擇蕾絲窗簾時，也建議選擇簡單的天然材質。

窗簾以尺寸適中為大原則

推薦符合理想尺寸的訂製窗簾！

窗簾一般可分為「現成窗簾」與「訂製窗簾」兩種。現成窗簾是根據固定尺寸販售的產品。特徵是價格相對便宜、容易購買。訂製窗簾是指根據自家窗戶尺寸來量身訂製，可以確保能完美符合需求，但價格也比現成窗簾來得高。

現代住宅的窗戶形狀與尺寸幾乎各不相同。如果安裝現成的窗簾，往往會不太一致。如果窗簾與窗戶的尺寸吻合，不僅看起來美觀，可以阻隔強光與戶外的空氣，也能夠很順暢地開闔。

由於窗簾佔據空間相當大的面積，而且正好與視線等高，可說是室內布置相當重要的元素。即使費用相對較高，依然強力推薦選擇與窗戶尺寸相符的訂製窗簾。

半腰窗的情況

若用褶皺窗簾建議應比窗框寬度多15cm，使用蕾絲窗簾的話則比窗框寬度多14cm，會比較好看。透過窗簾比窗戶稍大，能更有效遮光。當測量訂製窗簾的尺寸時，寬度應該從窗簾滑軌最邊緣的吊環孔中央開始，到另一邊最邊緣的吊環孔中央，而長度則應該從窗簾滑軌吊環底部開始量至窗框底部的長度為佳。

落地窗的情況

製作垂墜式窗簾時，建議高於地面1cm，而蕾絲窗簾則高於地面2cm，以呈現出整齊美觀的效果。藉由保留1cm的空隙，讓窗簾更容易開闔，也能完全覆蓋整面窗戶。由於材料的不同可能會產生伸縮，建議在訂製前最好先向店員諮詢。

窗簾太長或太短都不好看

如果勉強使用尺寸不合的現成製品，窗簾太短會無法完全遮蔽窗戶，相反地如果太長，在開闔時會拖到地板，不僅視覺上不美觀，連實際功能都有問題。

打造恰到好處、明亮清爽的空間

自然復古的室內布置風格，最重要的是注重各種物件的外觀、觸感、質感等材質感受，同時要保持顏色的低調。尤其佔面積較大的窗簾，應該要針對質感與顏色謹慎挑選。以窗簾材質來說，建議選擇亞麻或棉質。空間的氣氛會隨著質料的差異而改變，請依照喜歡的室內設計風格挑選。

另外，天然材質的窗簾除了外觀，還有其他優點。例如在開闔時觸感良好，可以感受到柔軟的質地。而且投射入室內的光也會變柔和，在每天的日常生活中，確實感受到窗簾的優越性。

影片延伸參考！

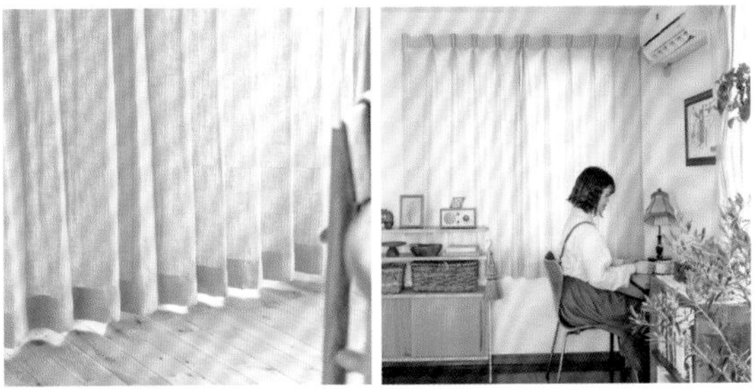

亞麻
適合自然風格或別具風味的空間

亞麻帶有「清爽」的質感、強烈帶出自然的印象。在使用過程中會慢慢變柔軟而襯托出深沉的韻味。亞麻質地與復古家具及雜貨很搭，能夠襯托出彼此的魅力。適合想為空間塑造柔和的自然印象、喜歡復古風或古董物件的人。

亞麻＋綿
打造恰到好處、明亮清爽的空間

當亞麻與棉兩種材質結合時，質感變得清爽，帶有明亮和清新的感覺。與純麻相比，具有更多的挺度，呈現出時尚且優雅的印象。適合比較沒那麼復古，色調明亮自然的家具，以及風格清爽的室內軟裝布置。

格紋
適合柔和又有條理的空間

如果想採用有圖案的窗簾，最好選擇自然色調的設計。細緻而均勻的格紋會帶來整齊感，增添簡潔的印象。為了讓格紋成為恰到好處的點綴，建議讓其他東西簡單化。看似單純的格紋，將成為樸素空間裡的「亮點」。

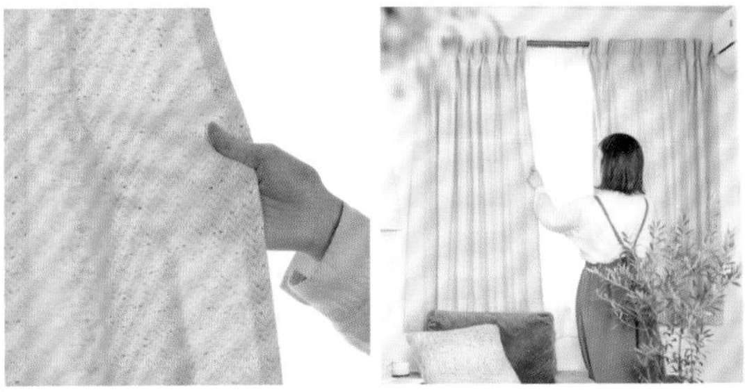

人字紋
適用於柔和溫馨的空間

在窗簾的布料中使用有凹凸感的設計，能帶來柔和的氛圍，為空間增添「溫馨感」。「遠看像是素面，透光就能看到紋路」的這種織法，可以在保持簡單風格的同時，也能為空間整體帶來溫暖。

THEORY

005

調節光量
營造配合作息需求的場所

藉由窗簾與控制照明塑造出能夠放鬆的場所

陽光充足、日照良好的空間，容易讓人聯想到明亮、溫暖且美好的情景，實際上如果西曬太強烈，不僅室溫會升高，家具與門窗也可能曬到褪色。另外如果是臥室，即使希望空間保持幽暗，到了早上也可能因為陽光很耀眼而醒過來，變得難以入睡。藉由適切地搭配「利用窗簾調節陽光」、「運用照明」這些方法，就能控制光線。如果想在早上醒來，就選擇沒有遮光效果的窗簾。要是不希望接受晨光照射，想繼續沉睡，建議選有遮光效果的窗簾阻隔光線。

照明可以採用溫暖色調的燈泡（參照60頁）。據說人們每天所照射到的光會影響荷爾蒙分泌與自律神經系統，進而影響健康。橙色的夕陽和有溫暖光源的黃光燈泡據說能刺激副交感神經，增強放鬆效果。如果臥室採用溫暖的黃光燈泡，可以舒緩心情，平靜地啟動入睡的開關。

影片延伸參考！

控制光量

在西向的窗戶或臥室裝設遮光窗簾

對於西曬過強的空間，或是想遮蔽臥室耀眼的晨光，不妨使用有遮光效果的窗簾。所謂的遮光窗簾，是指能夠阻隔光與熱。隨著材質不同，遮光等級也有所差異，遮光一級的窗簾可以隔絕99.99%的光源。

雖然在自然復古風的空間裡，強力推薦能體驗質感的天然材質窗簾，但其材質本身沒有遮光作用，因此可以考慮添加有遮光效果的襯裡布來阻隔光源。如果是日照強烈的西向窗戶，或是想保持幽暗的臥室，可以考慮使用這類有襯裡的窗簾，會是一個不錯的選擇。

影片延伸參考！

藉由遮光窗簾
讓臥室保持幽暗

隨著遮光等級不同，遮光窗簾可以讓空間稍微有些光線照射，或是像暗房一樣徹底遮蔽。有些甚至還能夠維持室內溫度，在夏季或冬季等使用空調的時期，有助於節電。

藉由不遮光窗簾
為客、餐廳引進柔和的光

若是選擇不遮光窗簾，特別推薦天然材質。因為像亞麻或綿質等天然材質的窗簾，可以讓空間透進柔和的光線，形成自然的感覺。

帶來優質睡眠的臥室

減低亮度的柔和照明可以提高放鬆效果

臥室對於睡眠品質相當重要。優質的睡眠有助於一掃累積的疲勞，迎向新的一天。而影響睡眠品質的關鍵是「光」。首先跟其他空間一樣，照明的色調應該統一使用暖光色。冷白色的光源適合在進行工作時集中注意力，是不錯的選擇，但由於會促進腦部活動，因此不推薦臥室使用。其次是不採用天花板燈，可利用立燈或桌燈等間接照明在空間營造多處柔和的光源，有放鬆精神的效果。另外，像立燈或桌燈可以自由改變位置，容易調整光源等優點，同時也建議不妨使用可以調整亮度的智慧照明（請參照63頁）。

接受晨光照射自然醒來

如果希望「早上有陽光照射，自然醒來」，窗簾可以採用遮光等級較低，或選擇透光性較好的明亮顏色窗簾。像亞麻或綿質等自然材質透入的光線，能讓人醒來時心情愉悅。

使用有調光功能的桌燈

為了控制臥室的光，建議使用附調光器的桌燈。只要調弱燈光，就能營造出讓人放鬆的氣氛。攜帶方便的移動式款式也是一個不錯的選擇。

點香氛蠟燭

香氛蠟燭搖曳的火焰以及好聞的香氣，都能誘導我們進入夢鄉。如果擔心點火燃燒會造成危險，建議使用帶有電池和計時器的燭台或香薰爐。

THEORY

006

一盞燈絕對不行！用多燈照明打造有景深的空間

影片延伸參考！

以加法安排照明 塑造出適合放鬆的空間

接下來將介紹關於照明的部分。藉由運用照明的技巧，可以打造出別具風味、沉靜安穩的空間。

各位是否聽過「多燈照明」？這是指在空間裡不只靠一盞燈，而是組合搭配多盞燈，讓這些燈的光線重疊，形成「陰影」與「起伏變化」。這樣就可以帶來層次感，創造出戲劇化的空間。

室內布置新手容易犯的一個錯誤是只採用一盞天花板燈來照亮整個空間。千萬不可以這樣！只以一盞燈照明，會使整個空間的亮度均勻，氣氛呆板乏味，沒有陰影也沒有變化，使空間變得單調乏味。「究竟要採用什麼樣的照明」將影響一個人在空間裡如何放鬆精神來度過夜晚，是一個非常重要的焦點。為了讓室內布置看起來更有魅力，並營造出一個令人愜意的休息空間，我們將解析「照明計畫」與「配置重點」。

為空間創造陰影與變化

以下將為大家介紹，想要布置舒適放鬆的空間，有哪些基本的照明技巧。

如果只以一盞燈提供空間所需的照明，光源來自同一處，空間整體的印象會變得很平面。如果有多處光源，除了天花板照明，再搭配立燈與桌燈等，藉由多種照明，能夠確保空間整體需要的亮度。如此一來，一個空間裡就會產生明暗的差別，形成美麗的陰影與層次感。

只靠天花板的燈光照明
會顯得毫無變化

如果只靠天花板燈提供整個空間的照明，會是強光從頭頂照射，只憑單一的光源，容易形成單調的印象，即使是精心布置的空間，仍無法襯托出氣氛。

藉由多燈照明
形成錯落有致的陰影

透過多種照明分擔一個空間所需的明亮度，每個照明的光量都會降低，而不會感到刺眼的明亮。在燈光照明的周圍呈現柔和的亮度，並在遠離燈光的地方變暗，可以創造出層次感。此外，建議統一使用溫暖色調的燈光（黃光）。

天花板照明

安裝在天花板的照明。包括垂吊式的吊燈、直接嵌在天花板的吸頂燈、以及可調節燈罩角度的軌道燈等。

＋

＋

桌燈

擺在桌上或層架上，比較小型可移動的燈。在客廳通常擺在沙發旁，在臥室可放在床邊等位置。

立燈

放置在空間角落或是桌邊、床邊等處，可移動的燈具。通常燈柱略長，光源高於桌燈。適用於間接照明與部分照明。

實踐

採用可以調節光量的照明，試著藉由多燈照明襯托空間。

只靠天花板的光源

完全只依賴天花板燈提供必須的照明。由於光線強烈地從天花板照明直接照射，整體印象較為單調。

稍弱的天花板照明
＋
立燈

試著將天花板照明減弱，搭配立燈增添亮度。相較於只有天花板照明，可以帶來更多陰影與變化。

稍弱的天花板照明
＋
立燈
＋
桌燈

再打開桌燈，增添亮度。藉由三種照明的搭配，帶來陰影與層次感，讓空間整體的表情更豐富。在安排空間照明時，不妨結合天花板照明、立燈和桌燈，確保有足夠的亮度。

藉由沙發旁的立燈創造視覺焦點

影片延伸參考！

選擇會透光的材質

燈罩有分成透光、不透光的類型，而且依據材質的不同，光量或光線照射的方式、整體印象都會有所不同。以自然復古風格布置的軟裝來說，適合亞麻或紙、玻璃等會透光的燈罩類型，讓光線穿透，使柔和的光在空間裡擴散，塑造出讓人放鬆的空間。

客廳的照明 應該兼顧美觀與實用性！

桌燈或立燈的位置要與人的視線同高，並且自然而然出現在視野中。因此，即使在不需要開燈的明亮時段，仍是室內布置相當重要的擺設之一。想在客廳擺放立燈或桌燈，建議選在沙發旁。優點之一是「能襯托出安穩靜謐的氣氛」。在餐桌吃晚餐時，即使客廳空無一人，只需打開沙發旁的燈，微弱的燈光能夠令人放鬆。因為如果只有餐廳很明亮，反而會讓人產生封閉及壓抑的感覺，但稍微隔著一段距離也有照明，就能營造出柔和的氛圍，並增添空間感。第二個優點是「坐在沙發時很方便使用」，位於沙發旁的照明，可以照亮手邊的東西。特別是喜歡在沙發上閱讀的人，僅照亮附近區域的聚光燈可說非常方便。

THEORY

007

不疲勞的住宅！必需的亮度為每坪15～20瓦

影片延伸參考！

藉由柔和的光線 打造令人覺得安穩的空間

照明的選擇與運用，對於空間的氛圍有相當大的影響。在塑造自然復古風的室內空間時，建議採用彷彿將空間輕輕包覆起來的柔和照明。不過在日本文化中，自古即偏好白光的明亮照明，通常租屋附帶的照明都是燦亮的慘白日光燈。就算對室內布置下過一番功夫，在日光燈的照耀下，也顯得平淡無奇。相對於此，歐美各國偏愛溫暖的照明，空間燈光也不像日本那麼亮。這或許也反映出身體的特徵：藍眼的人眼睛黑色素比較少，比起黑眼睛的亞洲人較不耐光照。

Re:CENO所提議的空間適當亮度是「每坪15～20瓦」。只要具備這樣的亮度，就能確保讀書時眼睛不疲勞，也能營造出令人自在的空間。另外也有「每坪30～40瓦」的說法，這樣的燈光其實相當明亮。首先就從認識最適合自宅的照明開始吧！

November 1979 - Januar 1980
GALERIE BRUSBERG

靈感來自於星巴克的照明

追求像溫馨咖啡廳一樣舒適的適度昏暗

就像咖啡館或優質的旅宿，這些「令人自在的空間」有著「適度幽暗的光線」可以緩和緊張，讓心靈平靜下來。最簡單易懂的例子，就是星巴克咖啡的店內。如果想決定自家照明的亮度，可以在晚間去這類有氣氛的店面，如星巴克等實際體會，以瞭解自己對於光線照明的喜好。

值得一提的是，當人的眼睛長時間盯著近處的目標，會導致「睫狀體」的肌肉緊繃，最後因肌力衰退而讓視力變差。「在陰暗的空間讀書會弄壞眼睛」的說法可以歸因於在昏暗的環境中，長時間近距離注視某樣東西最後導致的結果。此外，當環境過於明亮時，瞳孔會收縮並變得緊張，眼睛容易疲勞。在適度幽暗的地方，由於眼睛需要吸收光線，瞳孔會張開，眼睛就不容易疲勞。因此調整照明以達到適當的亮度是非常重要的。

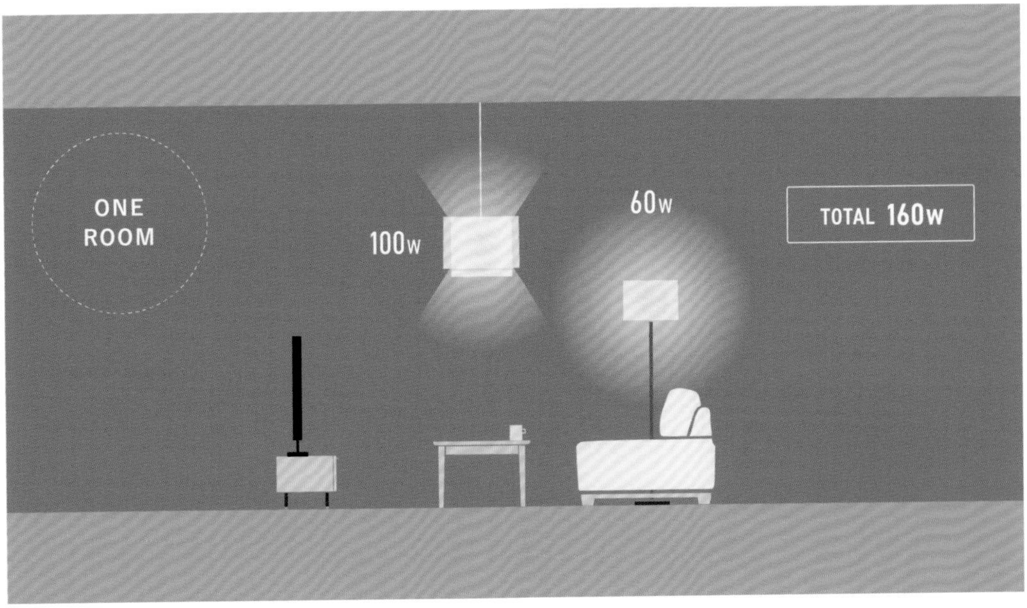

8坪大的空間

8×20W=160W

以8坪大的空間為例，整體要有120～160W的照明，吊燈約100W，搭配立燈60W，就能達到預期的效果。如果在床邊加上臨睡前的桌燈也可以。

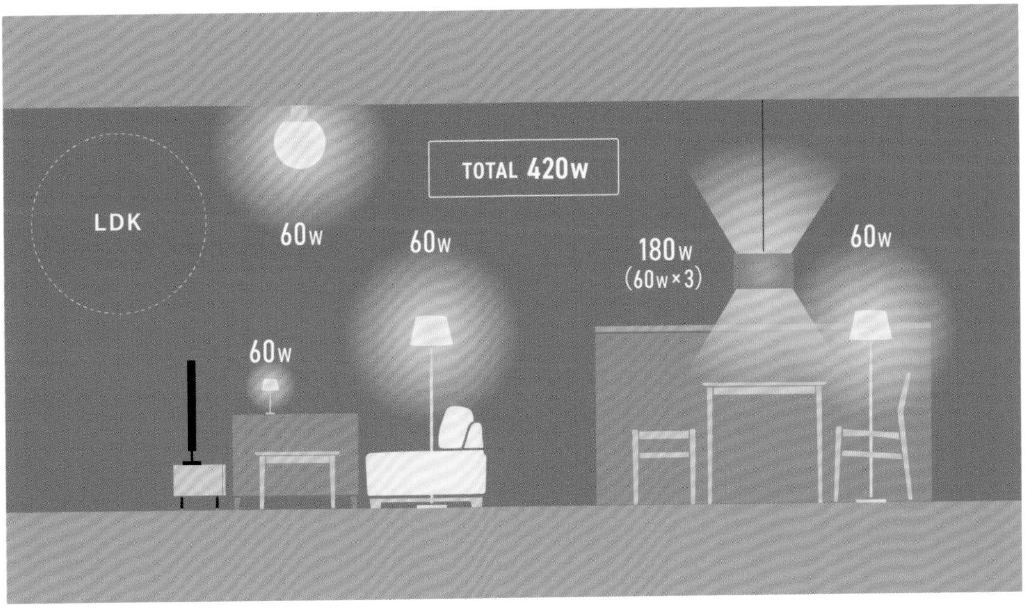

25坪大的空間

25×20W=500W

25坪大的客廳、餐廳與廚房（LDK），最適合的照明大約共375～500W。客廳天花板約60W，餐廳的吊燈約180W，客廳的立燈約60W，客廳的桌燈也是60W，加上餐廳的立燈60W。只要掌握這些光源，合計就有420W。

THEORY

008

白光好？黃光好？將燈光的色調統一選擇暖色調

影片延伸參考！

用溫暖的黃光照明映照美好的生活空間

在出國旅行時，你是否曾搭乘夜間航班？起飛時，只要俯瞰窗外的城市夜景，就會發現相較於歐美各國的萬家燈火偏橘黃色，日本的夜景則以白光佔絕大多數。這種白光是來自日光燈的顏色。對日本人來說，發出白光的日光燈應該是主流吧。日本人推崇日光燈的起源可以追溯到戰後，政府為了節約電力而鼓勵民眾使用日光燈。日光燈的發光效率比燈泡好，壽命更長，熱輻射也比較弱，因為這些優點，迅速地在一般家庭推廣開來。許多日本人從小就熟悉日光燈發出的「白色明亮燈光」，甚至已成為生活文化的一部分。

視不同用途，我們有時候的確需要白光照明。不過在塑造自然復古風的空間時，基本上建議採用「燈泡色」的黃光，燈泡色的照明能夠營造出柔和溫暖的效果，那是日光燈的白光所無法達成的。

光線有分色溫

認識一般燈泡的種類以及色溫的差別

色溫是衡量太陽光或自然光、照明等各種光源色彩的標準，單位是克耳文（K）。當色溫較低，表現出的是令人感到溫暖的暖色；較高則表現出偏藍，印象冰冷的寒色。依照日本JIS的規格區分，燈泡色（黃光）約2600～3250K，晝白色（自然光）約4600～5500K，晝光色（白光）約5700～7100K。

一般照明用燈泡可分為白熾燈泡（鎢絲燈泡）、省電燈泡、LED燈泡這三種。白熾燈泡的光是暖色，燈泡本身雖便宜，但消耗的電費比較高昂。省電燈泡有分成白光、自然光、黃光這三種，價格雖然比白熾燈泡貴，但使用壽命多將近六倍，電費大約也只要前者的1／4。LED燈泡的電費大約是白熾燈泡的1／8，使用壽命達二十倍以上，可說相當划算，光色有分成自然的白色與黃光兩種。燈泡本身並不會發熱，因此附近可以擺放綠色植物也無需擔心。

每一種燈泡都各有優缺點，如果希望空間的氣氛良好，光色建議選擇暖色系，譬如黃光的省電燈泡或LED燈泡。

冰冷 ⟵⟶ 溫暖

色溫偏高的光，帶有偏藍而寒冷的印象，適合工作或讀書等需要集中注意力的用途，但難以營造適合放鬆的氣氛。

色溫較低的光，偏紅而溫暖。蠟燭的光或日出、夕陽都是色溫較低的光色，可說富有撫慰人心的效果。

讀書或工作時適合自然光的暖白色燈泡。尤其推薦方便使用的智慧燈泡

為了享受舒適便利的生活，選擇適合空間的照明相當重要。不過即使待在同樣的地方，除了專注於讀書或工作，也會有想放鬆的時刻。令人困擾的是，所需的燈光亮度和彩度在不同場景下也會有所不同，只要利用「智慧燈泡」就能輕鬆解決這個問題。

所謂的智慧燈泡，指的是有調光、調色功能的LED燈泡。只要操作智慧型手機專用APP，就能調整燈泡的亮度、自由變換光的色調。可以根據不同需求優化光線，相當方便，各位不妨試著使用看看。

智慧燈泡有PHILIPS Hue或IRIS OHYAMA等品牌可供選擇。LED燈泡的壽命較長，大約可以使用十年。

實踐

影片延伸參考！

智慧燈泡的運用

①首先將燈泡替換成智慧燈泡。

②下載燈泡廠商提供的免費App。透過智慧型手機，就能自由調整燈泡的色溫與光量。

③在用餐時間，適合不刺眼能讓心情放鬆的黃光。在晚酌時刻，建議可以再調小光量。

④在餐桌工作或讀書時，需要集中注意力，可以轉換成較明亮的白光。

THEORY
009

空間角色大不同！客廳用天花板燈、餐廳選吊燈

影片延伸參考！

配合空間的生活動線區分照明

在客廳與餐廳天花板設置的照明，大致可以分為兩類：一種是直接裝設在上方的「天花板燈」，另一種是從天花板以電線或鍊子垂吊的「吊燈」。

天花板燈的特點在於光源位於較高位置，因此光線能夠均勻地照射到整個空間，營造出柔和的光線。相反地，吊燈的照明位置相對較低，光線的覆蓋範圍較天花板燈窄。天花板燈與吊燈，同樣都是空間的主要照明，不過怎樣區分才是最恰當的？建議在每天頻繁經過的客廳裝設天花板燈，這樣就不必擔心在移動時會撞到頭。而在用餐或進行學習等活動的餐廳，可以使用只照亮桌面的吊燈。

由於客廳與餐廳的生活動線不同，並在生活中擔任的角色也不一樣，因此適用的燈光高度也會有所不同。

BRUSBERG

天花板燈

直接裝設在天花板上的是天花板燈。由於照明器具不會出現在視線範圍，空間感覺特別寬廣，也比較令人放鬆。天花板燈通常以瓶狀或圓形等簡單的設計居多，因此也比較容易找到相對便宜的款式。藉由遙控可以調光、切換電源開關的話，會比較方便。

POINT

- 從靠近天花板的位置，可以廣泛地投射光。
- 能讓空間看起來清爽又寬廣。
- 容易找到設計簡單又便宜的產品。

吊燈

從天花板垂吊下來的是吊燈。燈罩有分可透光與不透光的種類，可透光的通常是布製或玻璃製、紙製等。柔和的光會廣泛地擴散開來，帶來令人心安的氣氛。不透光的通常是陶製或木製、鋁製等，光朝下方集中，塑造出帶有陰影、別具氣氛的空間。由於在日常生活中常有機會看到，不妨選擇有設計感、美觀的燈具。

POINT

- 由於光源較近，即使光線柔和，仍然可以照亮手邊的物品。
- 藉由照明拉近空間感，也為室內布置帶來亮點。
- 因為常有機會看到，建議選擇喜歡的設計。

吊燈×客廳

由於客廳是居住者頻繁經過的空間，如果裝設吊燈很容易撞到頭，造成阻礙。另外由於客廳是「放鬆的空間」，如果與視線同高的位置沒有照明，感覺會更寬闊也更自在。

餐廳採用吊燈，客廳裝設天花板燈

若是在餐廳中央的上方配置照明，因為不必擔心撞到頭，吊燈可以垂吊在較低的位置。藉由將照明安排在較低的位置，不僅是用餐時刻，在讀書與工作時也能照亮手邊的物品。

採用便利的簡易掛勾固定吊燈

即使想在餐桌中央的上方設置吊燈，也有可能受到隔間或房屋結構的影響，無法剛好裝設在希望的位置。

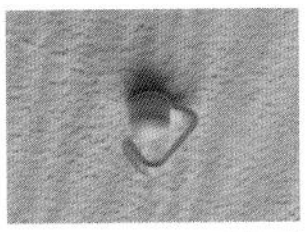

遇到這樣的情形，建議可以採用市面上販售的天花板掛勾，藉由附著在天花板的零件固定，讓電線穿過掛勾就能使用。因廠牌不同，耐重度也有所差異，所以應該根據所使用的燈具重量選擇。

運用捲線器自由調整照明的高度

設置餐廳主照明的位置，最好是在餐桌中央。如果要用一盞吊燈作為照明，選擇桌子寬度1/3左右大小的燈具會使平衡感更好，安裝的高度應該以距離桌面60～80cm的位置為準。如果是2盞或3盞燈的照明，則選擇桌子寬度的2/3大小，在這種情況下，安裝的高度應該以50～70cm為準。購買時可依需求裁剪適當電線長度，方便之後使用捲線器調整高度。

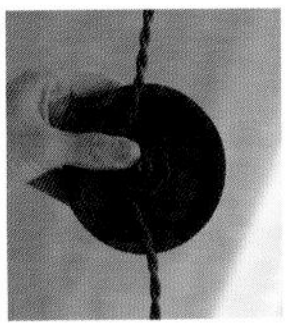

影片延伸參考！

PART 03

選擇家具的理論

當作為布置基礎的空間整頓好了，接下來就選配家具吧！

我們往往會零零星星地添購自己喜愛的家具，

不過為了營造美好的空間，最重要的是整體的協調性。

此外，選擇適當的尺寸也會直接影響居住的舒適度。

在這裡將為大家解說：為了配置這樣的家具所需要的理論。

THEORY

010

掌握低彩度、中性色原則選配色調一致的家具

影片延伸參考！

統一色調與色彩營造適合放鬆的空間

正如在32頁提到「大面積的室內布置元素，請注意色彩的統一」，在添購家具、窗簾、地毯時，思考「統一空間的色調」與「色彩搭配」很重要。譬如像客廳，首先挑選沙發或茶几等大型家具，接下來在添購小型家具時，就可以依據大型家具的色調做選擇。

如果要從零開始買齊所有家具，理想狀態是盡量選擇相同色系的木質家具。例如：想營造北歐風的明亮氣氛，就選淺原木色；想塑造沉穩的復古風，就統一採用深棕色，這麼一來就比較容易塑造出喜歡的風格。不過，如果原先就有家具，想繼續添購，光是選出相同原木顏色的家具就不容易。這時就不必拘泥於色彩的深淺，只要著重於色調的統一。

具體來說，只要明度沒有太大差異，空間的氛圍就不至於太混亂。

從零開始添購家具的情況

如果手邊還沒有任何家具，可以趁機統一所有家具的顏色

如果是剛開始自己一個人住，或是因為搬家等時機，要從無到有備齊所有家具，不妨盡可能統一所有家具的色調。藉由統一成原木色或深褐色，讓空間整體呈現出一致性。只要所有家具的色彩有一致性，就容易在空間裡引入色彩豐富的藝術品、照明等，以及像是抱枕、小東西等裝飾軟件，為自己的居家增添趣味感。

雖然家具在購買後，通常可以使用很久，不過像沙發可以藉由替換沙發罩或抱枕，就能感受流行變化的樂趣，餐廳也可以藉由餐桌上擺設的植物與食器，表現季節感。因此作為布置打底的家具，最好將基本的色調統一。

若要搭配現有家具的情況

想要跟既有的家具搭配，可以統一色調，或是採用中性色

在搬家或改變布置時，多半會考慮充分利用既有的家具。譬如繼續使用餐桌，然後添購新的收納家具。在這樣情況下，即使顏色不完全一致也沒關係。即使將原木色與深褐色混合搭配，依然行得通，祕訣在於色調。自然復古風的布置，可以藉由的彩度較低的色調統一（參考34頁），即使顏色不同，搭配的效果還是很漂亮。

此外，除了統一色調，「選擇中性色的家具」也是個辦法（請參照35頁）。中性色對於其他顏色比較不會造成影響，譬如以白色收納櫃搭配自然色的餐桌，兩者搭配的效果很好。

THEORY

011

選擇「設計簡單」的沙發 其他交給軟件單品點綴

影片延伸參考！

選擇沙發的重點是簡單而普遍的款式

沙發不僅體積相當大，在生活中陪伴我們的時間也很長，是客廳裡最具有存在感的家具。因此在選擇沙發時，應該要根據家裡的人數與生活方式慎重考慮。

或許有人覺得「既然沙發是空間的主角，我想選擇一個漂亮且富有設計感的產品！」然而一組沙發絕對不便宜。為了長期持續使用，最好還是選設計簡單的產品。有流行感的沙發多半都設計得很有特色，也因此容易覺得膩。而且一旦時尚過時，沙發吸引力減少，使用起來可能變得不喜歡。如果選購優質的沙發，有可能使用10～20年。而在此期間，流行必然會不斷變化。因此，選擇簡約而具有普遍性的沙發設計是長期使用的關鍵要點。

儘管如此，有時簡單的設計的確給人略為單調的印象。在這種情況下，可以利用抱枕或毯子等物件，襯托出時尚感。

nice things.

準備三個抱枕

運用非左右對稱的擺設
布置出安穩且蘊含日本美學的一隅

抱枕可在布置空間時用來點綴，是打造理想居住空間不可或缺的單品。若想要布置沙發區，抱枕的數量與擺設方法十分重要。首先是抱枕的數量，為了營造輕鬆的氣氛，應該要有三個。歐洲自古以來就將均衡對稱視為美感，比較正式且高大的建築或室內設計，必定以左右對稱的形式呈現。然而，日本人從古至今早已察覺在非左右對稱的狀態下，事物依然能保持平衡，並且從中欣賞到美，給予高度評價，其中最具代表就是日本和室的「壁龕」。以這個意義來說，只要不對稱地擺放抱枕，自然就能創造出讓人感到舒適安穩的空間。既然要營造出家中最適合休息的地方，不妨嘗試非對稱的擺設吧！

影片延伸參考！

擺兩個抱枕（對稱）
會形成工整的印象

只擺一個抱枕看起來孤零零的，如果在沙發左右兩端各擺一個，看起來會比較豐富。雖然左右對稱很整齊美觀，但是太過規矩也會讓人覺得拘謹。

擺三個抱枕（非對稱）
帶來優雅洗練的印象

再加上一個抱枕，在左側的抱枕旁擺上第三個抱枕。藉此帶來變化，緩和拘束的感覺，構成適合放鬆的場所。

第三個抱枕將帶來變化

有圖案

在排列的抱枕中，只要將其中一個換成有圖案的，就能帶來變化。這讓沙發成為空間裡的焦點之一，為原先稍嫌不足的整體搭配加分。

迷你尺寸

將一個墊子改為小尺寸，成為「特列」，能增加不對稱的美感。

重點是讓三個抱枕保持平衡

第三個抱枕建議採用不同的材質與顏色，跟其他兩個有所區隔。選擇有圖案或是用厚實布料製作，或者使用毛線編織的抱枕套，就能改變空間的氣氛。除了帶來季節感，也能輕鬆體會變換布置的樂趣。

抱枕的尺寸與用途

抱枕不僅有裝飾作用，也兼具實用價值。隨著尺寸不同，使用方式與感覺也會有所改變，不妨想像自己在空間裡的情境，視需求選擇。當然也可以將不同尺寸組合搭配。

45×45cm

跟小型沙發或床鋪很好搭配，是一般的尺寸。讀書時可墊在手肘下，或是看電視時抱著支撐身體，以減輕身體的負擔。跟枕頭一起搭配也很適合，因此建議可以放在床上當靠背。

30×55cm

即使空間不大也可以擺放，特徵是不會造成妨礙、方便運用。尺寸適合腰部，可用作辦公時工作椅的腰墊。如果沙發的靠背比較低，也可以作為簡易的頸枕。

60×60cm

大小可以支撐脖子與肩膀，在沙發小睡時靠著，身體就不會感到疲痛。使用電腦時只要把抱枕放在膝蓋上，就能當成簡易的工作桌。因為兩側有充足的空間擱置手臂，感覺特別安穩。此外，如果擺放多個這種尺寸的抱枕，置身其中彷彿被包圍覆蓋，會覺得特別安心。

以蓋毯作為亮點，為沙發增添色彩

影片延伸參考！

實用的蓋毯為沙發增添色彩和舒適感

想要為簡約風格的沙發增添亮點時，其中方法之一就是「在沙發上放一條毯子」。這樣不僅可以改變布置的印象，毯子本身也具有實用性，可說是一舉兩得。

所謂毯子就是大塊的布。光是在沙發上披上一塊毯子，就能為沙發增色不少，也能讓空間整體感覺更加華麗。毯子的顏色與圖案、材質選擇多樣化，從薄到厚，種類相當豐富。可以根據潮流與季節更換，更能體會軟裝布置變化的樂趣。

加上如果有需要的時候，可以順手拿來使用，是一大優點。

為簡單的沙發增添變化

可以隨意地將布毯披掛在沙發上，或是折疊起來搭配抱枕使用。而且不只是運用在沙發上，也可以當作床上的披毯來使用，多準備個幾條總是有機會能派上用場。

可以在沙發小睡片刻

坐在沙發上看電視或讀書時，有時很容易感到舒適而不知不覺會打瞌睡。不過，在沙發上小睡片刻是很容易感冒，這時只要手邊有塊布毯，立刻就能攤開來使用，很方便。

Column

選擇長久耐用的優質沙發

沙發是客廳最主要的家具，加上我們坐在上面的時間很長，因此沙發對於生活品質影響很大，它的外觀也會左右室內布置的整體印象。廉價的沙發很容易發生損壞問題，所以最好還是選擇品質優良的產品。

挑選與個人體感相符的硬度

市售沙發有各種不同的軟硬度，有坐下去像被包裹般的柔軟舒適感，也有坐起來感覺很堅硬。在選購時，建議依據自己的生活方式和身體狀態諮詢專業人士，挑選一款自己喜歡又能長期使用的沙發吧！

選擇可以替換沙發套的產品

沙發套有分成與「可拆式」與「不可拆式」兩種。為了常保清潔，也希望持續保持嶄新的外觀，建議選擇可拆洗的沙發套。

使用較重且不容易彎曲的實木框架

沙發所使用的木材材質直接關係其品質良窳。使用廉價的木材或細木條可能會在長時間使用下容易變形或折斷。相較之下，建議選擇木材不容易彎曲的沙發。

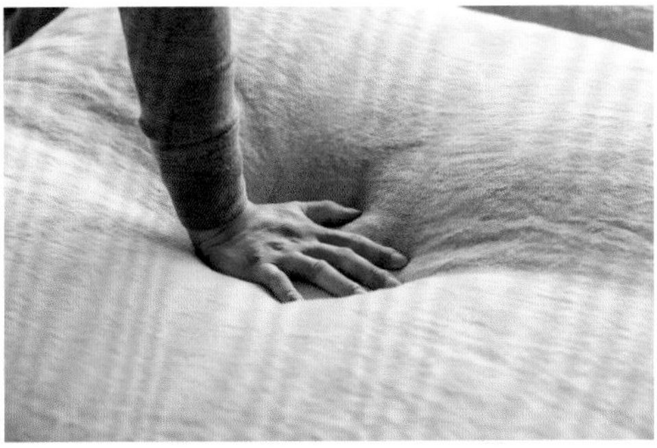

選擇不易變形的沙發墊

選擇使用高密度泡棉或羽毛等高級材質的沙發，以避免使用便宜的沙發容易變形並迅速失去實用價值。

最高段的選椅方式是「混搭」

影片延伸參考！

影片延伸參考！

藉由不同的「餐桌椅」混搭，達到室內設計高手的境界

選擇餐桌椅，主要有兩種配置方式：全部使用相同椅子組成的「統一風格」，或是藉由不同椅子搭配的「混搭風格」。在過去的日本，通常是將相同設計風格的餐桌和餐椅搭配在一起，形成統一風格。這不僅給人一種整齊劃一的印象，而且成本也相對比較低。然而，這樣的設計在視覺上可能顯得較為單調。

因此，推薦不妨嘗試「刻意不搭配」的混搭風格。其優勢在於可以打造出專業室內設計師一樣優雅洗鍊的餐卓印象。同時，藉由這些不同舒適度的座椅，去符合不同使用者的需求，例如在喝咖啡時使用座墊柔軟的扶手椅，而在工作或讀書時使用底座與椅背硬挺結實的椅子，如此靈活應對。雖然混搭不同椅子可能會帶來一些雜亂的視覺印象，但只要掌握訣竅，就能創造出整體感的空間。以下將介紹挑選椅子的要點。

各準備兩組不同的餐桌椅

藉由兩種椅子
達到重複的效果

在準備四張餐桌椅時，也可以採用「相同款式的椅子準備各兩把」這個方法。藉由並排兩張相同的椅子，達到重複的效果（參照P138）。比起每張椅子都不同的搭配組合，感覺會比較一致。可以從同系列的餐桌椅或是同一位設計師的作品挑選，透過有扶手混搭無扶手的椅子，或是椅子跟長凳搭配組合。在搭配的過程中，只要保留一個共通點，就能呈現出整體感的混搭風格。

選擇相同造型

減輕視覺上的不一致
玩弄色彩與材質的變化

人們通過物品的形狀來感知形象。譬如當椅子的線條是曲線，就會覺得「似乎柔軟」的印象；椅子線條是直線則給人「俐落而簡約」的觀感。因此，如果將造型截然不同的椅子擺在一起，就會因為各自的外觀所帶來不同的印象，而感覺紛亂。換句話說，藉由餐桌椅相同的造型，形成協調的感覺。透過家具統一「形狀」的這個共通點，再選擇不同色彩或質材帶來變化，也是體驗布置樂趣的方法之一。

以能夠體現材質質感的物件當成「重點布置」。「重點布置」是室內軟裝的重點，具有讓配色顯得協調、帶來層次感的作用。一般會藉由增添「重點顏色」來實現這一目的。但在自然復古風格中，可以透過質感表現出裝飾效果，以增強空間的凝聚感。在選擇餐椅時，如果採取這樣的方法，就能營造出溫暖而有層次感的用餐空間。如果想採用不同風格的椅子，就要掌握選擇木製品、籐編家具、竹製品等「天然材質」，並且保持「色彩」的一致性。只要遵守這兩個重點，統一整體的色調，即使椅子的「造型」各不相同也沒關係。

選擇相同的色彩

同樣的顏色反覆出現，追求色彩的重複效果

在思考配色比例時，有時會刻意不讓顏色一致，襯托出強調色。不過如果只在一處擺放色彩不同的東西，也有可能與周遭格格不入，造成突兀的印象。解決這個問題的方法是使用「色彩重複」，即反覆使用相同的顏色。例如，如果餐桌是自然色調，則餐椅的椅腿及其他配件也應統一使用自然色調。透過使色彩調和，可以產生整體統一感，避免給人零碎的印象。

選擇相同的材質

選擇相同木質但造型不同的椅子

想要呈現自然復古風的布置，建議選擇天然材質的木質椅子。儘管同樣稱為「木頭」，其實也分成許多種類。譬如堅硬而厚重、少有彎曲，具有耐水及耐久性的橡木；抗水抗潮且堅硬耐用的柚木；顏色較淺、質地柔軟的樺木；色澤接近巧克力色，富有高級感的胡桃木等。藉由集合同一種木質製成的椅子，形成一致性。這麼一來，即使搭配不同造型的餐桌椅，仍然會顯得協調。

體驗「刻意選擇不同家具」帶來的樂趣

接下來以自然復古風的觀點，介紹進階技巧。依照本書提議的布置風格，在採用各種不同椅子時，應著眼於「材質」與「質感」。
在自然復古風格的布置技巧中，建議

瞭解最理想的餐桌尺寸

影片延伸參考！

影片延伸參考！

掌握使用者在餐桌的基本動作與生活動線

購買餐桌時，首先要掌握的是使用者在餐桌的基本動作與生活動線。餐桌是每天用餐時使用的空間，桌子周圍的動線對於提高生活舒適度至關重要。先瞭解需要什麼樣的空間，才能選擇出最適合的餐桌椅。

在使用餐廳的基本動作，就是「拉出餐桌椅」、「坐下」、「上菜」這三項。這些動作所需的空間大小分別是：把椅子拉出，後方需要約60公分的空間；坐在椅子上時，需要大約50公分；上菜時則需要60公分。換句話說，如果餐廳的寬度是300公分，300公分減180公分等於120公分，因此可以擺放深度約120公分的餐桌。

如果只能擺放比預期小的餐桌，優先考慮餐桌的大小也是一種辦法。雖然動線可能會略顯狹窄，只要坐下後沒有人經過背後，還在可接受的範圍內。這時可以選擇能夠擺在餐桌下的椅子，就不會影響平常的動線，運用自如。

根據需要的空間選擇餐桌

用餐需要的基本空間是每人約60公分 × 40公分

在計算了生活動線的尺寸後，也可以根據使用人數來計算適合的餐桌大小。選擇餐桌的重點是考慮用餐時所需的寬度與深度。用餐所需的基本空間，大約是每人寬60公分×深40公分。譬如兩人對坐的餐桌，必須大於寬度60公分×深度80公分。面對四個人時，如果有寬120×深80公分的空間，就能從容地用餐。如果想要比較緊湊的用餐空間，或是兩個大人加上兩個小孩，所需的餐桌寬度最少要有120公分，才會足夠。如果有足夠的空間，或是四個大人想要更自在地享用食物，建議選擇寬度超過140公分的餐桌。

必需的基本空間

用餐需要的空間是60×40cm

一般在使用餐桌時，每人所需的空間至少要有寬60×深40cm。只要有這樣的範圍，包括裝盛主食、湯、配菜、飲料的器皿都足夠擺放。除了用餐之外，如果想使用筆電、翻開筆記或書本閱讀，這樣的空間也夠用。

如果是四個人，至少需要120×80cm的空間

如果是寬120×縱深80cm的餐桌，當四個人入座時，與隔壁的人肩膀間隔約15～20cm。這可說是四人份用餐空間最起碼的規格，適合家裡用餐空間較小、或是對這種簡約生活不介意的人。為了搭配這種餐桌，建議選用無扶手的餐椅或長凳。

建議選擇稍微大一點的尺寸

理想尺寸為
每人約70公分×50公分的寬度

如果有額外空間且想要更寬敞的情況下，每人寬70公分×深50公分的尺寸是最理想的。如果是四位大人使用的餐桌，至少是寬140公分×深100公分的大桌子。這樣大尺寸的餐桌不僅與鄰座之間的距離變得更寬敞，即使放了有扶手的椅子，也能夠輕鬆自在地擺置。由於桌面很寬敞，也可以在中央擺放鍋子、插花裝飾，享受用餐的樂趣。只有在客人來訪時才需要寬廣桌面的人，適合選擇能延伸式或是有折疊板的餐桌。另外，如果市面上的制式規格不符合實際需求，也可以自己訂作。

無拘束的寬敞空間

保有寬裕空間的用餐範圍是

70×50cm

能與鄰座的人保持足夠距離的最理想用餐空間，是每人70×50cm。只要餐廳能夠容納，請試著挑選稍微大一點的餐桌。這樣才能擺放花卉裝飾、燈飾照明，讓用餐的過程更愉快。

坐滿四人依然空間充足

選擇大於140×100cm的尺寸

如果根據每人70×50cm的法則選擇餐桌，四人用餐時的理想尺寸是140cm×100cm。如果待在餐桌上的時間很長，不只是用餐，還可能讀書、跟大家一起喝酒聊天等，建議選擇比較寬廣的尺寸。

THEORY

014

餐桌與椅子的最佳距離：高低差約26～30公分

瞭解適當的「高低差」打造令人愉快的用餐空間

餐椅是我們一天當中常有機會使用到的家具，涵蓋用餐、下午茶、工作或讀書等用途。選擇什麼樣的餐椅，也會影響用餐的心情。因此，在進行更換或增添的時候，選擇時要非常謹慎。在這裡，我們將解釋在選擇餐椅時需要注意的要點。選擇餐椅最容易遇到的問題，就是「跟餐桌的高度不符」等尺寸上的問題。如果餐桌椅的尺寸不合，坐下時會覺得不舒服，也會造成壓力。

物色餐椅時，確認與餐桌之間的「高低差」很重要。所謂的高低差是指「餐桌桌面的高度」跟「餐椅座面高度」的垂直距離，建議餐桌椅高低差的範圍在「26～35公分」內。高低差之所以重要，是因為跟使用餐桌的舒適度、餐桌椅是否好用有密切關聯，藉由使用高低差距選擇適合的桌椅，可以讓用餐與工作更加輕鬆順利，並且塑造出讓人自在愉快的空間。

影片延伸參考！

高低差與座位的舒適度

高低差太大

如果高低差太大，就會變成「桌子太高」。如果用餐時，一直維持手臂往上提的姿勢，除了身體容易感到疲勞，也會產生壓迫感，因此飯後的舒適度也會降低。

高低差太小

如果高低差太小，就會導致「桌子太低」，膝蓋容易頂到桌子。用餐時，口腔與食物的距離變遠，相當不便。高度導致身體向前傾，造成姿勢不良。

適當的高低差

在用餐或讀書時，桌椅適度的高低差有助於保持身體正確姿勢。在這樣的情況下，腿部沒有受拘束或不便的感覺，桌面的使用也不會帶來壓迫感。如此一來，用餐或讀書都會感到輕鬆。

藉由餐桌椅高低差26公分的安排減輕壓迫感，達到放鬆的效果！

餐桌與餐椅適當的高低差是26〜30公分，標準的高低差則是30公分。假設桌面的高度約70公分，70公分減去26公分是44公分，因此椅子的座面高度約40〜44公分。如果不特別堅持的話，也可以選擇高低差約28〜30公分的座面。

當高低差在26公分，處於適當的高度範圍內，由於桌面稍微矮一點，不會感受到壓迫感。如果用餐後習慣小酌，繼續使用餐桌，以高低差26公分為基準選擇餐桌椅，就能營造出適合放鬆的用餐空間。

身高有差距

調整椅腳高度減少差距

當身高不同時可以確認座面高度

身高較高和較低的人，其座位高度會有很大的差異。建議以桌面高度和椅子座位高度之間的適當高差為標準，即26～30公分，考慮選擇座位高度不同的椅子。選購時，不妨先在家具賣場試坐，挑選自己覺得舒適的椅子。部分店家有提供調整椅腳高度的服務，身高較高的人不妨加以利用，讓餐椅更適合自己。

也要留意桌腳間的距離與椅子寬度！

關於「桌椅高度不合」這個問題，常見的情形包括「椅子無法收進桌腳間」。所謂的桌腳間就是「桌腳到桌腳之間的寬度」，為了將椅子收納在桌下，桌腳間的距離必須比椅子寬。如果無法收納，椅子露出桌外會妨礙動線，需要的空間更多。在選購時不只是桌子的高度，也必須確認餐桌桌腳間的距離與椅子的寬度，試著實際將椅子收納在桌下。關於餐桌尺寸的計算方式，桌腳間最起碼的距離是（以兩人對坐為例）「椅子的寬度＋10cm（為了將椅子拉出推進的預留空間）」。如果是四人座，則是「兩張椅子的寬度＋15cm」。另外，如果是一般為四人設計的餐桌椅，「餐桌桌腳之間的距離－兩張椅子的寬度」大約是20～30cm。
還有像「錐形腳」等八字型設計的椅子，椅腳上方跟下方的間距不同，因此要特別注意，必須分別測量。還有一種必須要測量的是椅子扶手的高度，必須要能放置到桌面下。
對於在桌子底下裝有補強板或抽屜的餐桌，選擇無扶手的椅子就不必擔心。

THEORY

015

收納是：展現「百分之二十」隱藏「百分之八十」

影片延伸參考！

排除多餘的干擾 減輕日常生活的壓力

「在日常生活中，家裡充滿了各種各樣的物品。雖然我們常常利用這些物品進行「斷捨離」，但是不知不覺空間裡的東西又變多了起來，破壞了原本美麗的空間。因此有必要理解「展現百分之二十與隱藏百分之八十」的收納法則。為了保持室內布置的美感，首先要瞭解「收納的基本功」。

空間裡的東西有分成「想要展現出來的」與「不想呈現出來的」。想要展現的物品包括花瓶、藝術品、裝飾軟件、自己喜歡的書等，在室內布置時可歸類為美觀的陳列物。不想呈現出來的，包括與布置風格不符的書籍與大量衣服、包包、指甲剪與藥物等小東西、文件與郵件等生活用品。在每一個家庭可以運用在布置，看起來美觀的物品佔整體約兩成，不美的東西佔了八成，這個比例又稱為「帕雷托法則（Pareto principle）」，又叫「80／20法則」。

賞心悅目的室內布置目標是「展現美麗的物品」、「將礙眼與不美的東西隱藏起來」，這些很重要。通過打造只擺放美麗物品的空間，室內裝潢才能顯得統一而美麗。

將展現與隱藏的收納分開來思考

運用美觀的收納家具

在我們周遭有許多看起來不美，但是卻必要的東西。我們不妨將這些「隱藏收納」起來。「隱藏收納」的代表就是衣櫥，但是也未必能將衣物全部收納起來。這時不妨利用五斗櫃等家具，完成收納的步驟。如果是有附門的收納家具，就能隱藏干擾室內布置的各種物品。如果家具很美，本身也能成為室內設計的重點。

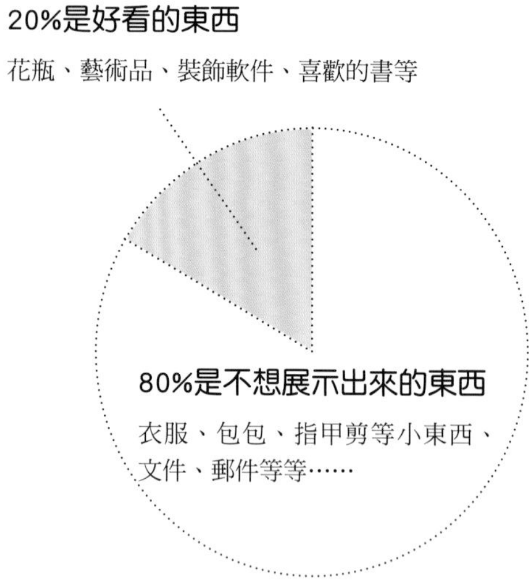

20%是好看的東西
花瓶、藝術品、裝飾軟件、喜歡的書等
80%是不想展示出來的東西
衣服、包包、指甲剪等小東西、
文件、郵件等等……

展示的收納

沒有門的層架，適合作為展示櫃，陳列漂亮的東西。

藉由家具完成隱藏收納，為效果加分

像櫥櫃等有門的家具，適合收納不想曝露在他人視線中的東西。

「隱藏收納」最具代表的是衣櫥

如果家中有寬廣的衣櫥，至少可以把不想攤在外面的東西收納其中。如果不夠放，可以藉由其他家具分攤。

善用籃子，達成「角落收納」

影片延伸參考！

藉由不顯眼的角落進行收納 大幅減少每天整理的壓力！

「角落收納」是利用籃子等收納容器，充分運用家中不顯眼的地方，進行收納。收納形式主要分為兩種：沒有櫃門的「開放式收納」，以及有門的「隱藏式收納」。另外還有一種「角落收納」則介於中間，這種方式可以保持半開放的狀態，又不會顯得凌亂。譬如像餐桌，佔據家中不小的空間，同時也是每天都會使用的地方，常常生活用品與每天送達的郵件等，不知不覺就堆積在那裡。因此，最適合因應「暫時放置」的對策，就是「角落收納」。這個方法其實很簡單，只要「妥善活用置物籃」，就可以讓桌面總是乾乾淨淨。角落收納的優點，就是方便拿取與放置，整理起來完全不費力。由於物品有固定的收納場所，東西不容易遺失，而且如果家人共享收納空間，也會讓每個人自然而然地動手整理。這樣的方法或許會讓人覺得「不過如此」，但是效果相當顯著，整理的壓力也會大幅減輕。

面紙盒、包包等雜物散落在餐桌上，由於空間凌亂，即使特地插了花也毫無氣氛，體會不出美感。

在開放式棚架擺上籐籃，將散落的物品收納在籃子裡，藉由上方的層架遮蔽，半開放式的收納就完成了。此外，像包包等物可以在比較不明顯的位置用S掛勾垂吊，如果是附門的收納，在層架上擺籃子，把東西放進去也OK。如果藤籃沒有蓋子，只要在上面披塊布，就可以遮蔽內容物。

外出後回來，只需要順手將包包、郵件等物擺在「角落收納」處，就可以保持餐桌清爽的狀態。

如果好好活用「角落收納」的概念，就能把不易收納的wifi無線路由器收放在藝術品後面，或是把延長線藏在書架後面，如此一來就可以把對室內布置造成干擾的物品隱藏起來。由於這樣的方式很靈活有彈性，因此角落收納的概念十分適合運用在居家空間的不同區域中。

THEORY

016

翻身的尺寸也要算！床鋪選比印象中大一號的尺寸

影片延伸參考！

為了獲得優質的睡眠 選擇適合尺寸的床

每天獲得優質睡眠，攸關我們的健康狀態。在購買床時，不僅要考慮床墊和被褥的材質，選擇合適的尺寸也是一個重要的因素。大家或許會想「一個人選擇單人床，兩個人的話就選擇雙人床吧？」其實許多人照這個印象選床鋪，結果使用時卻感覺更加狹窄。因此如果臥室有足夠的空間，建議選擇比印象中再大一號的床。選擇最適合的床鋪尺寸，營造一個舒適的環境，打造能夠安然入睡的環境。

接下來是選擇寢具的材質。寢具主要包括床單、枕頭套、棉被套這三種。只要這三者的色彩一致，空間就會有整體感，也會讓人覺得更整潔。床鋪在臥室佔了很重要的地位。寢具本身不用說，材質更要慎重選擇。另外，也可以擺放多個枕頭或是搭配抱枕，襯托出高級飯店般的氣氛。

一般的床鋪尺寸

對於成年人來說，比起單人床，更推薦小型雙人床！

一般人在躺著的時候，據說男性的肩膀寬度約60公分，女性約50公分。在睡眠時如果需要翻身，左右大概各需要20公分的空間。換言之，男性需要的床鋪寬度至少要100公分，女性是90公分，剛好跟單人床的尺寸相符。如果臥室有足夠空間，不分男性、女性都可以選擇小型雙人床，獲得舒適的睡眠。

當兩人同寢時，如果選擇合併雙人床，會有足夠的空間休息與安睡。因為是將兩張單人床併在一起，即使其中一人翻身滾動，也不容易將震動傳導到另一張床，可說是一大優點。如果在意兩張床墊間的縫隙，只要利用床墊間隙墊片即可。當孩子還小時，可以全家一起睡合併雙人床；等孩子稍微大一些，可以讓小孩自己睡在兒童用的單人床，可以持續長期使用。

小型雙人床 120公分

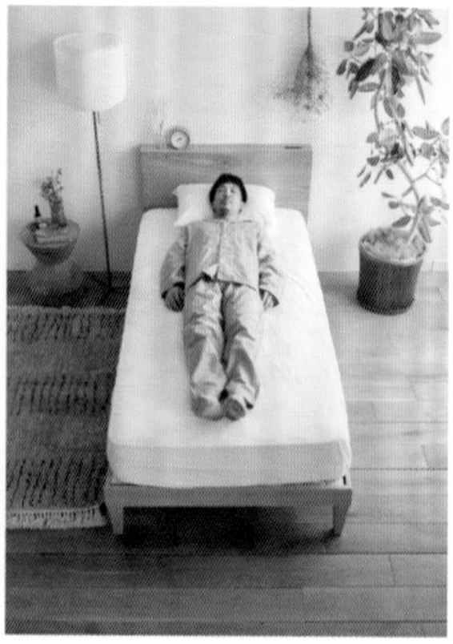
單人床 100公分

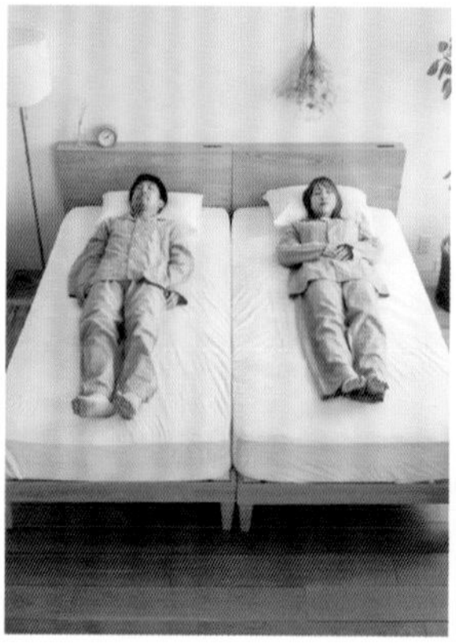
合併雙人床200公分

特大雙人床180公分

加寬雙人床160公分

標準雙人床140公分

單人床的寬度是100公分，小型雙人床是120公分，雙人床是140公分，每次隨著名稱改變，就會加寬20公分。單人床不分男、女都容易感到狹窄，適合較小的空間或身材嬌小的人。

考量到翻身，選擇大一號的床鋪

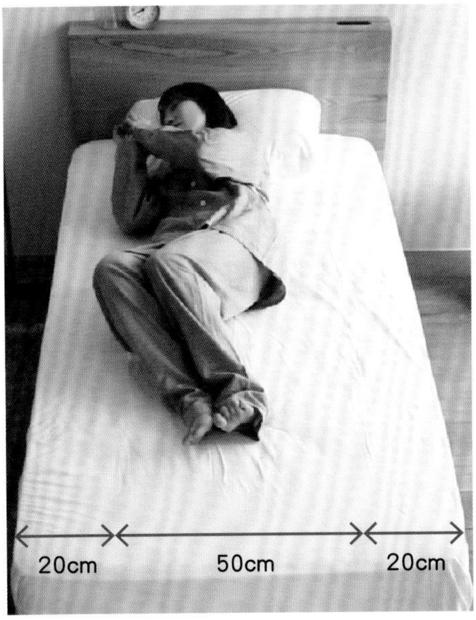

女性在睡眠時所需最低限度的空間，包括左右翻身的空間20公分×2＋肩膀寬度50公分=合計90公分。女性的身形比較嬌小，整體來說會有較多的空間。

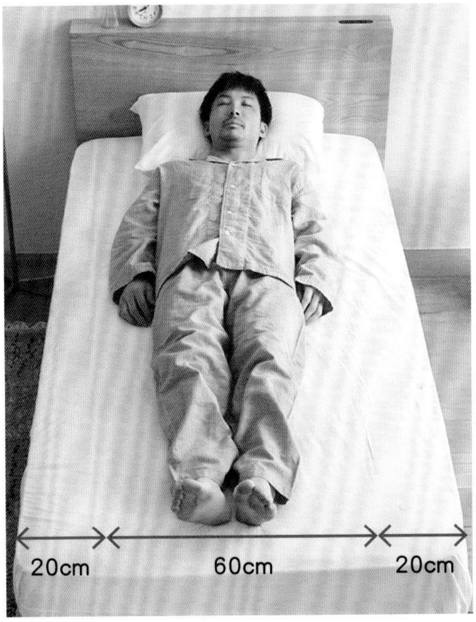

男性睡眠時所需，最低限度的空間：是左右翻身的位置20公分×2＋肩膀寬度60公分=合計100公分。以數字來看雖然單人床剛剛好，但是左右各20公分的翻身空間對於男性實在太緊湊。

一個人睡時

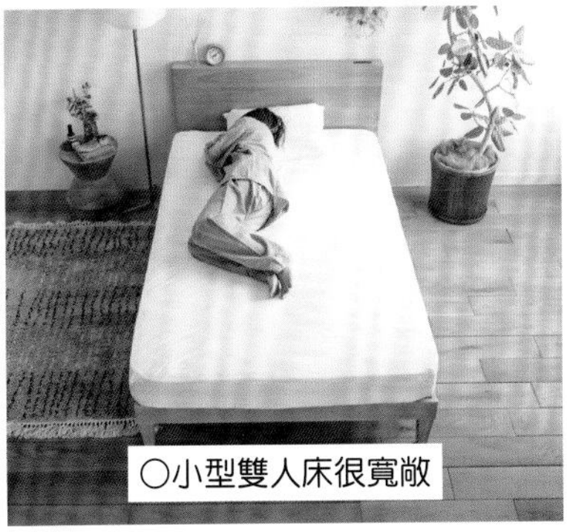

○小型雙人床很寬敞

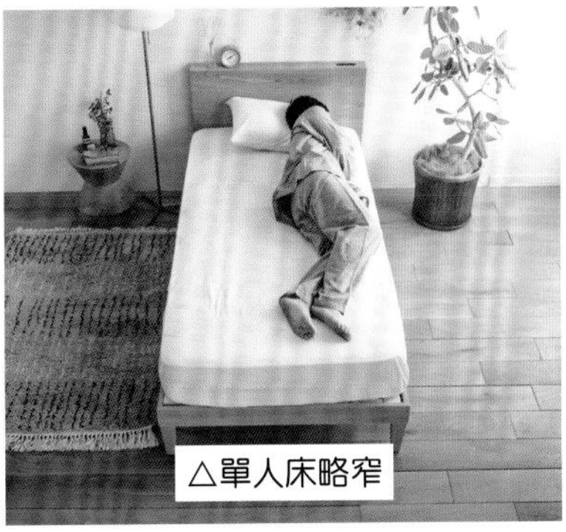

△單人床略窄

如果翻身的空間以30公分計算，男性左右兩邊的空位30公分×2＋肩膀寬度60公分=合計120公分。女性所需的左右空位30公分×2＋肩膀寬度50公分=合計110公分。如果翻身的空間左右各取30公分而選擇小型雙人床，不分男女，左右都有餘裕。

二個人睡時

○單人床合併 有足夠空間

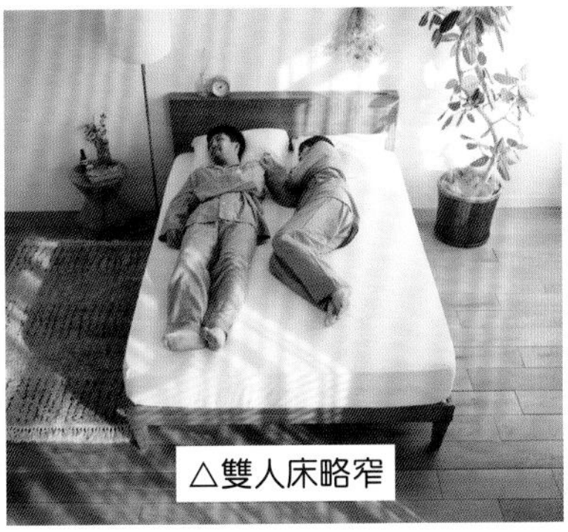

△雙人床略窄

男性最低限度的必需空間是100公分，女性是90公分，考量到兩人之間共同分享的空間是20公分，最低限度需要170公分。如果兩人共寢的話，適合加寬雙人床到特大雙人床。如果翻身的空間是30公分，男性需要120公分，女性需要110公分，必需的寬度就是200公分。這是把兩張單人床並排在一起得到的寬度。如果可以採用這個尺寸，就能保有更寬敞的睡眠空間。

Column

認識木製家具的種類

影片延伸參考！

從別具風味的原木到便宜的貼皮可依照用途區分使用

木製家具大致上可分為原木、實木貼皮夾板、印刷貼皮夾板這三類。如果知道它們有什麼不同，就能明白家具在價格與品質上的差異，在選擇家具時會更輕鬆。在這三者之中，價格最貴的是原木家具，其次是實木貼皮，最便宜的是印刷貼皮。以質感來說，同樣也是原木最佳，貼皮最普通。因為每種各有優缺點，不妨視用途選擇。

另外，也可以將不同材質搭配使用。譬如餐桌的桌面採用夾板，作為基礎的桌腳採用原木等。如果桌面採用夾板，就能避免原木因容易彎曲而造成翹起。另外，大家多半以為採用原木就能體會經年變化的美感，其實不能一概而論。想要感受時間的軌跡，完工後的表面處理是關鍵。如果以保養油作為塗層，的確能體會木質隨著時間變化的風貌，若是聚氨酯防水塗料，則不會有什麼變化。

原木

所謂的原木，就是純粹的木材。將森林裡生長的樹木砍伐、裁切、鋸材後取得實木，製成的家具即是原木家具。由於材質本身是純粹的木料，不僅厚重，也很堅固。由於可以感受到木材很堅韌耐用，原木製成的家具受到許多人喜愛。購買後就可以持續使用數十年。因此原木家具也可以說是終生耐用的家具。原木家具當中也有將木料直接刨成一片木板製成，但是一片木板的面積很大，需要相當大型的原木，成本很高。因此也有將細長的木板拼接起來，或是將短板合起來的實木拼板等。

夾板實木貼皮

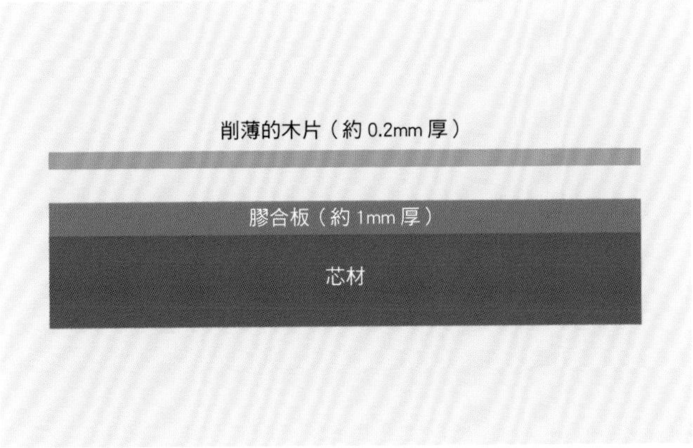

所謂實木貼皮，就是將削得極薄的木片貼在夾板上。表面雖然是木質，但是作為家具最核心的部分，採用合成木料等製成。表面看到的是實木，因此也頗有風味，乍看之下跟原木家具類似，但是價格只有原木家具的一半左右。北歐的經典家具以夾板製作居多，但過去的夾板實木貼皮大約有1～2mm厚，因此又稱為「夾板家具」。與原木家具相比，大家都以為夾板的耐用壽命比較短，但市面上有許多經典家具是五十年前製作的。

夾板印刷貼皮

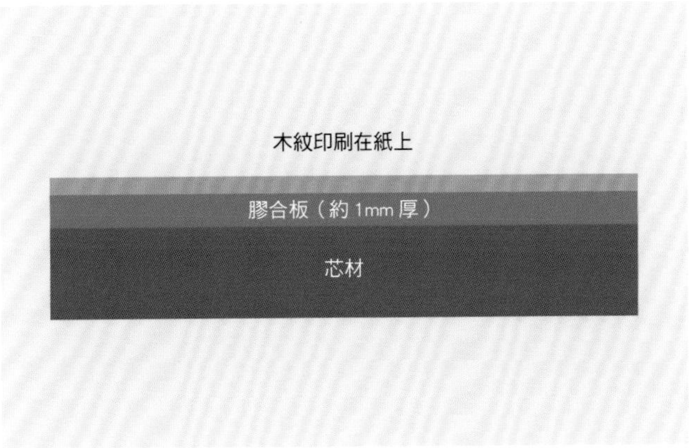

將原先削薄的木片，改成木紋的紙貼在夾板上，雖然沒有木製家具的感覺，但價格便宜是一大特徵。由於印刷技術逐年提升，近年已經有乍看之下跟實木貼皮難以分辨的產品登場。除了耐用年限較短，為了防止損壞而漆上塗料，容易造成廉價的印象。便宜是這類製品最大的魅力，不建議作為空間的視覺焦點或最主要的家具。

	價格	使用年限	質感	經年變化
原木家具	高	長期	細緻	如果塗保養油，會增添風韻
實木貼皮家具	中	中期	中庸	為防止損壞，一般會塗上保護漆
印刷貼皮家具	低	短期	粗糙	為防止損壞，一般會塗上保護漆

PART

04

軟裝布置的理論

當家具擺放整齊，不妨利用裝飾軟件點綴空間。
譬如陳舊的老物件、長時間使用且稍微帶點時間感的物品，或是織品、編織物。
以及植物等自然材質，或者帶點手感的藝品。

你所選擇的裝飾軟件，將會影響空間的風格。
以下就為各位解說陳列裝飾軟件的方法，以及搭配的理論。

THEORY
017

藉由軟件裝飾增添風情

影片延伸參考！

以軟裝布置打造理想的空間

雖然空間布置得簡單清爽，但是卻缺乏生氣，難以感受到個性。這對剛開始進行室內布置的初學者來說，很容易給人這樣的印象。其實原因很簡單，因為布置的材質或質感太過單調，缺乏讓人眼睛一亮的地方。

如果想讓這樣的空間提升質感，首先要為空間的局部增添變化，創造亮點。藉由添加裝飾改變印象。

為了達成這個目標，自然復古風的室內布置建議使用「重點裝飾軟件」。所謂的「重點裝飾軟件」，就是透過空間的生活雜貨與小東西等來裝飾，創造亮點。具體來說，像是帶有懷舊情調的老物件、隨著時間風貌產生變化的物品、織品、編織物、自然材質的物品、可以感受到手感製作的物品等。

由於這些物品通常比大型家具小，所以能依照自己的喜好去尋找、購買，並放在空間裡擺設，經由時間累積慢慢地把空間妝點起來，體會完成布置的樂趣。

不是憑色彩，而是藉由質感與風貌帶來變化

△善用強調色的手法

在統一採用白色或米色的空間裡，搭配鮮豔的黃色毯子。藉由強調色為空間單調的印象帶來變化，塑造出亮點。

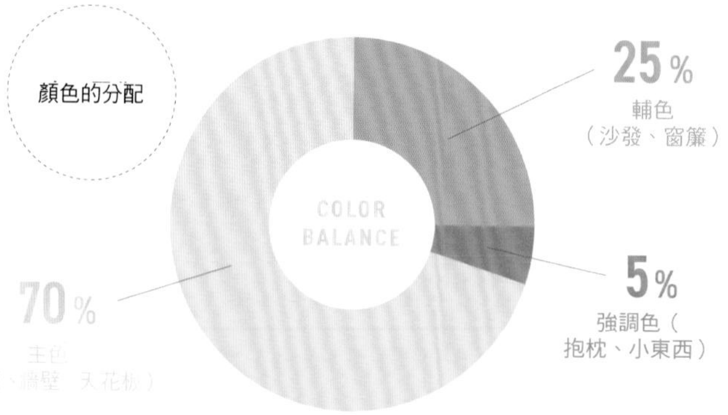

○運用重點軟件裝飾手法

白色牆壁搭配棕色系家具、中性色織毯，構成空間的基調。雖然使用色調相似的家具與家飾，但看起來似乎還少了些什麼。

透過重複擺放一些質感豐富的小物、藝術品和植物，增加亮眼的元素，以解決空間感不足的問題。

藉由有情調的生活雜貨與小擺設營造出寧靜的氛圍和色彩

在室內設計中的「基本配色原則」為「7：2.5：0.5」。這又稱為「配色的黃金比例」，天地壁所採用的顏色是「70％的主色」，使用在沙發或窗簾等地方的顏色是「25％的輔色」，吸引目光的小東西使用的顏色是「5％的強調色」。這種不失敗的方法，就是藉由主色與輔色讓空間整體統一，然後使用5％的鮮豔色彩，或是跟空間基本色調不同的顏色作為強調色。

但是，在自然復古風格的布置法，是不會刻意使用強調色。強調色雖然有吸引注意力的效果，但是一個空間裡有過多的亮點，反而不會讓人覺得協調或放鬆。因此，應該利用「重點軟件裝飾」帶來畫龍點睛效果。這種方法不是以色彩作為點綴，而是藉由物品的質感成為裝飾的重點。

重點軟件裝飾大致分為5種

①帶有懷舊氛圍的老件（詳P108）

（詳P108）

經過歲月的變化，顏色變深的木製家具與雜貨、褪色的藝術品，都能令人感受到濃厚的歷史感。如果在嶄新的空間加上老物件的材質感，將會成為很好的軟件裝飾。

②隨著時間流逝，外觀出現變化的物品（詳P112）

皮革或黃銅製品不只為空間帶來溫暖的感覺，也為擺設增添高級感。隨著歲月變化，它會漸漸發展出專屬於自己的色澤，這也是其一大魅力。隨著每天使用，自己對這類物品的情感也會越來越深厚。

③編織物（詳P116）

譬如織品或抱枕等。像亞麻或綿布等織品可以跟周遭的家具搭配，料子本身也具有自己的質地，可以對於原本印象冷淡的空間增添溫暖的感覺。

④自然材質（詳P120）

包括植物、乾燥花、玻璃製品跟籐編物等。不同於人造物品，這些物件擁有天然形狀能感受到大自然的樂趣，以改變原本單調的空間印象，創造出吸引人的亮點。

②富有手作質感的藝品（詳P126）

用陶土製作的食器或器皿、一張張描繪而成的藝術作品、籐編的籃子等。富有手感的物品，能為空間帶來機械無法製造出的溫暖與韻味。

軟件裝飾①

使用帶有歲月痕跡的老物件，賦予空間深度

影片延伸參考！

沒有完全一模一樣的東西是古老物件的魅力

在歐美，將家具、桌子、燈具等各種生活必需品傳承給子孫，似乎是一個很普通的事情。因此，年輕人在剛開始獨自居住時，似乎不需要為準備家具而煩惱。他們習慣於傳承舊物，不輕易丟棄，尊重傳統。即使有時候壞掉或變得難以使用，但只要修理就能繼續使用下去。這真是一種美好的文化，不是嗎？

古老的雜貨或家具、藝術品等這些復古物或古董的物件，都是獨一無二的存在。過去由某個人持有，經過漫長的歲月，有些還飄洋過海或歷經波折，最後終於來到新主人的手邊。歲月的痕跡、刮傷和汙漬，都是物品歷史和魅力的象徵。如果在全新的空間裡搭配這些古老的物件，將會為空間帶來溫暖，而物件本身所具有的材質感，也將成為極佳的點綴。

Webデザインの基本
飾る暮らしの作り方
心地いいわが家のつくり方
01
インテリアの基本
北欧式インテリア・スタイリングの法則
1000%の建築 つづき
僕は勘違いしながら生きてきた
谷尻 誠
「自宅オフィス」のととのえ方
リモートワークを快適にするインテリアとアイディア
「もの選び」の芯も定まる
自分軸のインテリア
道具の足跡
生活工芸の地図をひろげて

借助古董的力量

將自己喜愛的物品融入生活中

像是年代久遠的古董置物櫃、藝術品、家具或陶器等，古物都有各有風情與魅力。即使是小型的物品，作為空間的點綴物，也能發揮強大的力量，請一定要嘗試看看。

當你得到自己喜歡的東西時，會思考如何與空間的其他東西搭配？要放置在哪裡？如何使用？等等，也是一種樂趣。古物老件不限於置物櫃或軟件裝飾，還有很多其他實用性強的東西。例如，小玻璃瓶或容器，可以裝廚房的食材、茶葉、香草；而利用曲木編織的盒子或籐編、木製的容器等，可以將文具或文件等存放其中，讓容易顯得凌亂的日用雜貨收納歸類增添生活感。

影片延伸參考！　影片延伸參考！

Column

前往跳蚤市場吧！

跳蚤市場是「寶山」體驗挖掘各種物品的樂趣

想要購買有年份的物件，可以透過古董店、二手古物店或網路等管道，此外「跳蚤市場」或「古董市場」也是很好的選擇。這兩種市集在日本各地都有舉辦，規模至少有30家店參與，多則將近300家攤商。

在跳蚤市場不只是尋寶，跟擺攤的商家對話也是一種樂趣。賣方會為客人解說物品的歷史或由來，有時候雙方會試著交涉價格。若常常去跳蚤市場，就會瞭解自己喜歡什麼樣的東西，也會找到自己喜歡的店家。期待從眾多舊物當中發掘到好東西的興奮之情，以及找到專屬於自己的寶物時驚喜不已。一旦經歷過這些，就會不自覺迷上跳蚤市場。為了找到喜愛的中古物件，不妨早起，出門去看看吧！

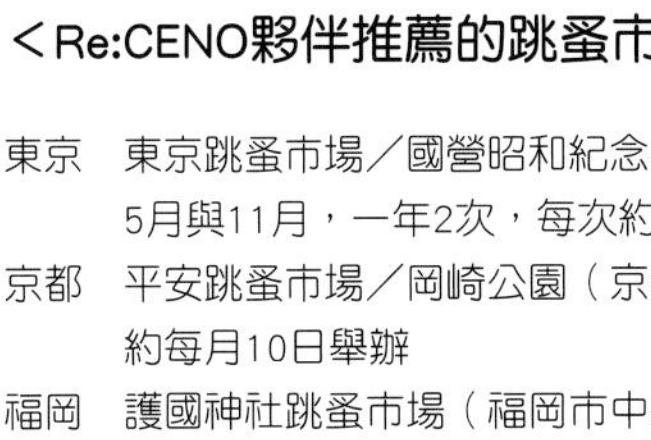

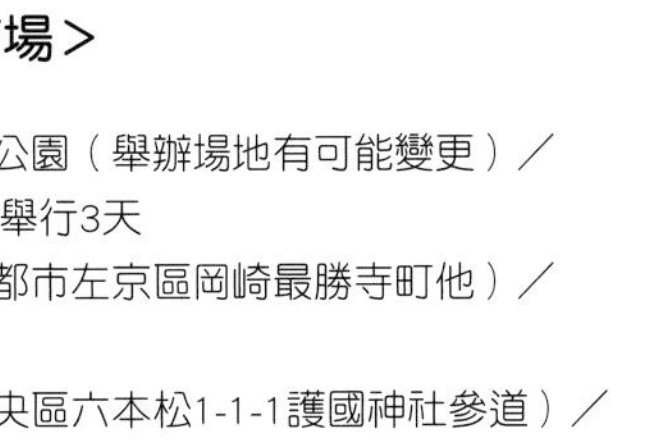

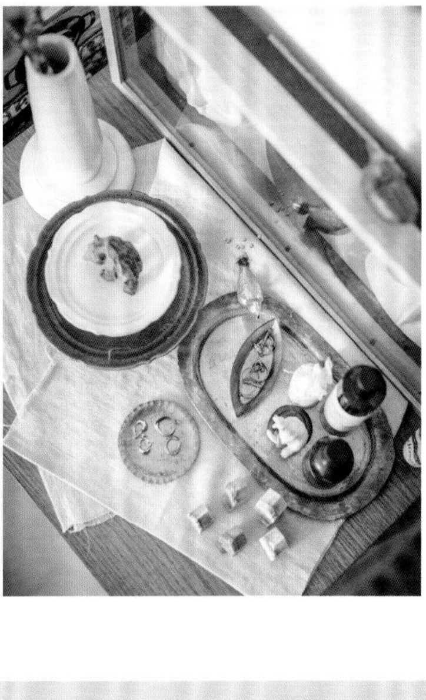

＜Re:CENO夥伴推薦的跳蚤市場＞

東京　東京跳蚤市場／國營昭和紀念公園（舉辦場地有可能變更）／5月與11月，一年2次，每次約舉行3天

京都　平安跳蚤市場／岡崎公園（京都市左京區岡崎最勝寺町他）／約每月10日舉辦

福岡　護國神社跳蚤市場（福岡市中央區六本松1-1-1護國神社參道）／不定期舉辦

軟件裝飾②
選擇外觀會慢慢隨著時間產生韻味的物品

影片延伸參考！

感受物件外觀隨著時間漸漸變化的過程與樂趣

黃銅所散發沉穩的金色光澤、銅的赤褐色、皮革製品磨損的質感，都跟自然復古風格的布置感很相襯。

黃銅是銅跟鋅的合金，價格也相對比較便宜，優點是有耐蝕性及容易加工，廣泛運用在各類製品，包括：日用品、飾品、機械器具等。全新的黃銅是呈現耀眼的金色，隨著時間的流逝，會增添如古董般的韻味，帶來獨特的面貌。

銅經常用於製作烹調器具等物品，跟黃銅一樣，經過一段時間，外觀會變得別具風味。光是擺在廚房，看起來就像一幅畫。

皮革製品包括牛皮、豬皮、羊皮、鹿皮等材質，隨著鞣製方法不同，外觀也會有所變化。「鞣」是指除去毛與髒汙，讓皮革變軟的技術，利用植物性化合物的單寧酸的是植鞣、運用化學藥品的是鉻鞣，還有混合植鞣與油鞣的無鉻鞣製。這種無鉻鞣製是日本製革業者自行研發的技術，特徵是可以控制皮革的柔軟度。

體會因歲月變化的樂趣

原本富有光澤的黃銅餐具，使用後隨著時間流逝，帶有沉穩的韻味。

皮革椅面的凳子、皮革製的拖鞋、黃銅小盤等，都是容易購得的物品。

使用時不忘保養
形成專屬於自己的風格

黃銅製的物品，包括湯匙與叉子等餐具、飾品或放鑰匙的托盤、門把、家具的把手、錢包或鑰匙環皮革部分的釦子等，種類相當廣泛。銅容易導熱，可用來製作鍋子等烹飪用具，以及水壺、餐具、杯子、保溫杯等。不論黃銅或銅，都是剛完成時製品都富有光澤，但隨著時間過去色澤變深，增添韻味。

而皮革製品除了像沙發或抱枕套等面積較大的物品，還有像錢包、鑰匙包、面紙盒、室內鞋等。皮革製品使用後會變得柔軟，觸感佳，讓人越用越喜歡。當然也很適合自然復古風的室內布置。不僅帶來溫暖的氣氛，也能提升質感。要是選擇了富有魅力的皮革製品，使用時不忘適時保養，就能體會專屬於自己的風貌。

Column

好好照料，才能長久使用

黃銅或皮革隨著使用時間越久，越增添韻味。不過黃銅會氧化及出現黑斑，皮革也會出現龜裂等情形。藉由適當保養，就能長期使用。

影片延伸參考！

保養黃銅的方法

所需準備材料：足夠浸泡黃銅的醋、裝醋液的容器、中性洗潔劑、刷子、擦亮黃銅的布巾。首先，將想要擦亮的黃銅飾品放入容器中，注入剛好足夠浸泡的醋。放置2～5分鐘之後，用清水沖洗醋，用刷子沾些中性洗潔劑輕輕地刷，刷完之後，再將中性洗潔劑沖洗乾淨，用毛巾將黃銅擦乾。最後，使用市面上販售的拭銀布擦拭，就會出現光澤。

保養皮革的方法

皮革專用的清潔劑有好幾種，建議使用沒有添加溶劑的水性清潔劑，能夠溫和地清洗皮革，不傷害皮革表面加工，依然能徹底洗淨。首先，用吸塵器吸起塵埃，再用海綿沾上清潔劑，輕輕地擦拭至起泡。利用泡沫將髒汙的部分輕輕洗淨，再用乾淨的布巾擦拭。為了保護皮革表面，塗上保養霜並自然乾燥後，就完成了。

軟件裝飾③

藉由織品的紋理賦予空間表情

影片延伸參考！

影片延伸參考！

為床鋪或沙發等適合放鬆的空間增添溫暖

像地毯、毯子、抱枕等織品，是為空間帶來溫暖與讓人放鬆的重要角色。天然材質如亞麻、棉和羊毛的布飾非常適合自然復古風格的室內布置。其中又以交織出凹凸起伏感與用粗線編織出的物品，最能傳達手工藝特有的溫暖，也讓人感到幸福。

如果是設計簡單的織品，可以長期使用而不感到厭倦。另外，選擇跟空間色調相襯的配色，跟周遭的家具會顯得很協調，也能襯托出材質本身的觸感。如果覺得空間的風格很平淡，給人的印象有點單調，可以採用跟室內布置相襯的布飾織品，美化空間。

住處空間較小，或是空間裡缺乏日照的人，不妨採用米白或淺灰色的織品，讓空間顯得更寬廣明亮。

讓布料的質感成為重要的點綴

使用有質感的編織紋路與圖案來增添亮點

如果想以織品裝飾客廳，首先可以試著在沙發上放置有質感的抱枕。由於沙發是空間最主要的存在，因此藉由擺放裝飾小物，能讓空間更有魅力。或是在地板上鋪地毯。由於地毯佔掉空間相當大的面積，即使有圖案，也可以選擇色調並不鮮明、圖樣簡單的款式。

另外，特別建議住在獨立套房的人在床上鋪毯子。因為住在獨立套房時，床鋪的體積會變得特別明顯，藉著將毯子鋪陳開來，不僅可以讓床鋪顯得更清爽，對於空間的氛圍也有加分的作用。

在客廳的沙發周圍擺設布織品

在沙發擺抱枕，或是鋪上毯子等紡織品。

在床上鋪毯子

如果在獨立套房替床鋪上毯子，會為空間整體帶來沉靜的感覺。

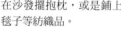

民族風的編織圖樣

基里姆地毯或部落編織物、摩洛哥刺繡、簡單格紋的柏柏爾民族風格的珍品，都是居室中增添風味的好選擇。搭配的重點是選擇彩度較低的配色，才不會過於搶眼。

傳統的編織花紋

以愛爾蘭針織為代表的傳統編織圖案，帶有古典氛圍，能為空間增添典雅感。富有立體感的愛爾蘭針織圖案不論是「鑽石型」或「蜂巢型」，每一種都有獨特的意義。

自然的編織圖樣

自然簡約的織紋和編織圖案既能成為裝飾亮點，又不引人注目，因此適應各種風格的室內裝飾。無論是床上，還是沙發周圍等地方，都能輕鬆搭配，非常實用。

軟件裝飾④
善用植栽
為空間增添立體感與層次感

影片延伸參考！

透過植物的力量為生活空間
增添立體感、豐富性及生命的氣息

即使空間搭配了喜歡的家具與生活用品，看起來很漂亮，光是擺設「物品」，總感覺還是少了些什麼，有點單調。如果融入一些如植物與花等自然元素，就會帶來生命力與自然界豐富的面貌，塑造出溫暖而富有活力的空間。自然元素可以大幅提升室內布置的質感，是重要的配角。

如果是較大的空間，可藉由擺設大型盆栽改變氣氛。即使是小規模的空間，光是在收納家具頂端或桌上擺放小盆栽或乾燥花，就能改變空間的印象。

原因有兩個。其中之一是因為加上植物而產生「立體感」。放置植物的桌面或收納層架，基本上都是平面，在上面擺植物會形成立體感，令人感到視覺上的美。還有一點是「豐富度」。由於植物是自然形成的，透過由人造的住宅或家具中增添自然物的豐富度，可以讓室內布置的層次變得更多樣化。

BRUTUS

藉助植物的力量

對植物的外觀精挑細選，擺設出生意盎然的空間

即使在空間裡擺放自己喜愛的家具，如果完全沒有植物，就會顯得毫無生氣。植物生長的樣貌會為空間帶來生機，綠葉也會為心靈帶來平靜。植物在自然復古風格的室內布置中扮演著重要的角色，為空間增添了自然的色彩。將植物引進室內的方法，大致上可分為三種：擺在地上、放在架上、垂吊這三種。如果是大型的樹木盆栽，可以放在客廳窗邊的地板上。若是小型的觀葉植物，可以擺在餐桌或是高度及腰的收納櫃空隙。在廚房的窗台上，擺些可以用來做菜的香草類植物盆栽，也是不錯的選擇。光是在空出的位置擺放植物，就能輕鬆為空間增添許多情趣。

擺放在層架上

放置在層架或櫃子上時，可以視空間大小選擇小型盆栽，或是稍微大型的樹枝作為花藝裝飾。只要擺上一盆大型植物，視覺效果就像畫一樣。如果是小型盆栽，連續擺幾盆也很好。即使不是同樣尺寸、同種植物或相同花盆也OK。隨著植物的種類與高度不同，也會形成不同的風貌。只要掌握花盆的顏色及形狀統一，即使尺寸不同也能形成整體感。

垂吊

垂吊式的花盆，正適合常春藤或黃金葛等爬藤類植物。由於是從較高的位置垂吊下來，更容易引人注視，而且長長的枝條及莖葉也能增添一些動感。目前相當受歡迎的鹿角蕨，葉片會朝各種方向生長，大小也不規則，兼具立體感與豐富度，因此值得推薦。

擺放在地上

擺在地上的植物，基本上都是顯眼的大型盆栽。比起枝幹筆直向上，更建議選擇那些會彎曲或呈現走勢的樹形。園藝新手也能輕鬆照顧的植物包括闊葉榕、橄欖樹、鵝掌藤等。

影片延伸參考！

春夏秋冬，四季的枝材

春

將綠意盎然的馬醉木枝枒插在花瓶裡。

秋

附果實的枝材帶來季節感。

夏

初夏時出現蹤影的日本吊鐘花。

冬

視覺效果鮮明的綿花（含棉花花朵）。

用枝材裝飾

藉由吸引目光的樹木枝葉，在生活空間展現「當季」氛圍

對於沒有自信能好好照顧植物的人，建議採用枝材裝飾。枝材可以運用在花藝或花道，因此很容易在花店買到。枝材不僅能為空間增添立體感與豐富度，跟熱帶的觀葉植物又不太一樣，可以觀察到細緻的枝葉與季節的轉移。

另外，枝材的特徵就比切花維持更久。如果枝材體積較大，就插在裝水的大型花器裡，擺放在地上。如果能選擇與枝材搭配的花瓶尺寸，擺放在餐桌、櫃子或側桌上，都會展現出美好的效果。邊几如果只插枝材會有點單調，不妨搭配當季的鮮花裝飾。

用切花裝飾

用當季的鮮花裝飾 為空間帶來生意盎然的氣息

植物是可以為室內帶來立體感與豐富度的元素，其中鮮花相當容易取得，也很容易替換。光是在桌上裝飾一朵花，就能為空間帶來華麗的氣息，表現出季節感。

插花時不可或缺的是花瓶，不過花瓶的尺寸與設計、質材等都很多樣化。如果是第一次擺放花朵裝飾，建議選擇高度約15公分的簡單花瓶。如此一來，無論是餐桌、書桌、層架等都可以放置。只要花瓶設計簡單，你可以隨意選擇喜歡的花朵擺放。配合當季的花卉，選擇適當的陶器或玻璃質材的花瓶，也是一種樂趣。

秋

飽滿的白色秋季玫瑰，搭配紅與紫的點綴色，帶來秋意。

春

以康乃馨搭配插滿針似的針墊花。

影片延伸參考！

冬

以彷彿帶有皺褶的白色紫羅蘭，搭配手鞠草。

夏

分量飽滿的繡球花與蕾絲花，帶來清爽的感覺。

搭配乾燥花

藉由天然的乾燥花裝飾出優雅而復古的氛圍

經典的乾燥花散發出質樸的氛圍，能跟古董物件及自然風格的室內布置相得益彰。將它做成花環，僅需掛在牆上，即可成為室內裝飾的重要亮點。常見的裝飾方式有傳統的插在花瓶裡、使用木製或皮革製容器裝飾在額外或其他地方，像畫一樣。另外，也可以將乾燥花的莖葉巧妙地編織在吊燈的電線或鍊子上，或者將果實、種子、剪去根莖的花朵放入帶蓋的玻璃容器中，呈現出立體的畫面效果。由於乾燥花不需要水，不妨盡情嘗試各種專屬於乾燥花的利用方式，帶來布置樂趣。

影片延伸參考！

用心選擇心愛的鮮花，親手打造屬於自己的乾燥花

除了專賣店有販售乾燥花，部分花店與生活雜貨店也買得到。不過，乾燥花很容易製作，不妨試著自己挑戰看看。
材料使用花店買來的鮮花就可以。選擇水分少、花與莖偏小的素材，不僅乾燥快，完成後形狀也比較漂亮。另外，像黃色或紫色的花，即使乾燥後也不容易褪色，特別推薦。在購買花材時，也可以向店家詢問哪幾種適合製作乾燥花。
買來鮮花以後，雖然會想先插在花瓶裡欣賞，但是趁花朵新鮮時完成乾燥，其效果最漂亮，所以建議還是趁早開始著手。

在製作乾燥花的方法中，倒吊起來風乾是最簡單的。將樹枝或花莖剪到方便垂吊的長度，用麻繩或鐵絲捆起。接下來只要讓花朵之間稍微保持距離，在通風良好的陰涼處吊著，耐心等候，經過兩週後就完成了。

◎適合製作乾燥花的花材：玫瑰、星辰花、黃花含羞草、黑種草、朝鮮薊、煙樹、繡球花、薰衣草、刺芹、斑克木、帝王花等。

◎適合乾燥的觀葉植物與木本枝材：尤加利、銀葉菊、銀樺、針葉樹、迷迭香等。

軟件裝飾⑤
用富有手感的物品帶來溫度

影片延伸參考！

享受工業製品所缺乏的質感以及手工藝品的溫暖

像陶製的食器或茶壺、一張張精心用手工繪製畫作或版畫、用心編織的籐籃、帶有鄉村質樸風格的鐵製品等，由藝術家或工匠師傅製作的作品和生活用品，都散發著手工藝品特有的溫度。

手工製作的物品，即使設計簡單，每一樣東西的質感與外觀都有細微的不同，能為空間帶來機械生產的工業製品無法醞釀的氛圍，也能為室內布置帶來亮點。

雖然，自然復古風格的室內布置，頗適合隨著時間流逝越來越有韻味的老物件。不過，許多老物件的價格都很昂貴，讓人捨不得把它當成實際使用的生活用品。其實在現代的製品中，像陶器，經過長時間使用會浮現細微的裂紋，色彩也會越來越濃。另外，像手工編織的籐籃，隨時間色澤也會越來越深，增添韻味。讓有溫度的手工製品放在身邊持續使用，感受其經年累月的韻味變化，也是一種美好的享受。

讓富有溫馨感的物品融入生活場景

能感受到手工製品餘味的裝飾軟件有很多種，以下為大家來介紹。首先，最容易搭配的是藝術品與海報。由於會直接感受到手工的痕跡，只要擺出一件，效果就很明顯。不妨在空白的牆面上裝飾自己喜歡的畫作或海報。或是在古樸的鐵製花瓶插上乾燥花，為井然有序的空間增添復古或溫暖的感覺。或將富有自然氣息的籐籃可以擺在地上當雜物收納。或在餐桌或客廳沙發上享受下午茶時，可以搭配陶製的茶壺與茶杯。這些物品的色調、質感和風格都很一致，完全可以融入自然復古風格的室內布置中。不妨，試著將這類手工製作的物件融入日常生活中吧！

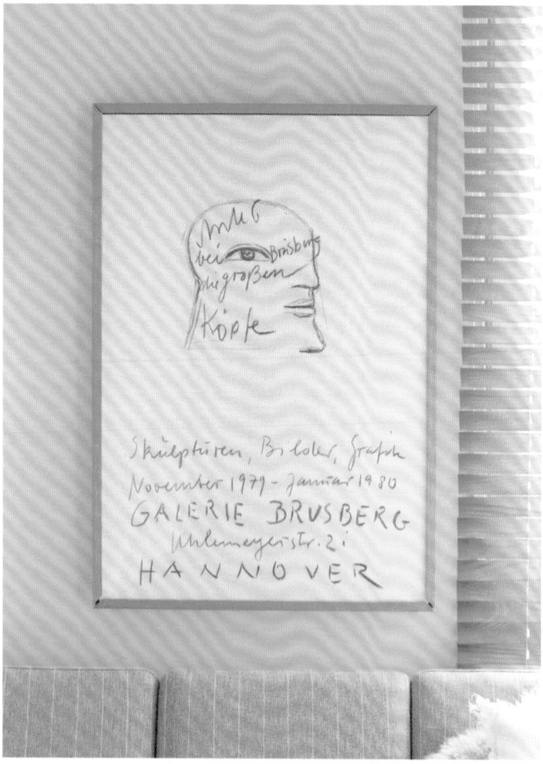

手繪的畫作與藝術海報

讓人感受到手繪的畫作和藝術海報，是布置空間的過程中不可或缺的物件。

木製品

木材經過手工修飾後的製品，令人感覺溫暖。
可在餐桌擺放有雕刻痕跡的木質托盤與裝飾物。

陶器

以陶土手工製作的陶器，富有市面上商品所缺乏的韻味。
可以好好欣賞表面的釉藥與高溫帶來的風貌。

籐編的器物

手工編製的籐籃是很容易搭配的單品。
隨著製造的國家與地域不同，使用材質與編法也各有特色。

軟裝布置的祕訣①
為空間安排「視覺焦點」

影片延伸參考！

留意視線聚集的焦點 提升空間整體的印象

所謂「視覺焦點」是「焦點（focal）所在的位置（point）」。因為是空間裡最容易看到的地方，以室內布置來說，便是決定空間印象的重要區塊。即使是簡約的空間，也要找出視覺焦點的位置，才能妥善陳列布置，以大幅提升空間的印象。

譬如，從玄關進來，正對著牆壁，牆前擺著櫃子。因此走進玄關時，第一眼看到的就是牆壁與櫃子，那裡便是玄關空間的視覺焦點。不過，如果居於重要位置的牆面不美觀，或是櫃子上亂七八糟，又或者展示效果不佳，無論屋內的其他空間整理得多好，都很難留下美好的印象。

由於最容易看到的地方，便是室內布置的重要場所，所以必須特別用心擺設。正因為是顯眼的位置，所以將會對空間整體的印象帶來相當大的效果與影響。

MURMURATIONS
B. GARMI

重視空間裡「最容易看到的地方」

找出空間裡的視覺焦點並進行重點布置

找出視覺焦點的方法，在每個空間都一樣。首先，在客廳或餐廳放眼望去，尋找「最容易引起注意的地方」。譬如，進入客廳、餐廳、廚房相連的空間時，如果最先注意到的是客廳，那麼這個地方就是焦點。由於是屋子裡最重要的地方，所以可以放置自己喜歡的沙發，並在沙發後面擺放畫作，進行重點布置。藉由裝飾視覺焦點，讓空間整體的質感大幅提升。

平淡乏味

毫不修飾

如果精心挑選的視覺焦點過於單調或混亂不堪，那麼整個房子的印象都會變得毫無吸引力。

在白色牆壁顯眼的位置擺放藝術品畫作。不僅跟植物很搭，也成為美麗的視覺焦點。

掛在餐廳壁面的畫作

白色牆面上只掛一幅畫，稍微有點醒目，再藉由擺上花瓶，感覺更豐富美觀。整體顯得更協調，布置效果也更好。

沙發上方是經典之選

沙發後面是牆壁，每次準備坐下就會看到這一景。若是以畫作或海報來裝飾牆面，就能成為簡單易懂的視覺焦點。

吊燈也很有效果

藉由在餐廳垂掛吊燈，讓空間因此有了重心，改變予人空蕩的印象。

坐姿時與眼睛同高的層架

坐在椅子上，目光會落在層架，因此不妨讓物品維持相同的間隔，形成一種節奏。藉由陳列，一掃空蕩的印象。

在陳列時 意識到視線的高度與平衡

即使想在空間裡尋找視覺焦點，還是會「找不到視線停留的地方」或「看到的是窗戶或牆壁」。這時，不妨注意生活中與站立或坐姿時視線同高的位置。像沙發或餐桌等家具，基本上都會位於比視線較低的地方，因此不可能成為視覺焦點。相較之下，在日常生活中，稍微高一點的位置，也就是與視線等高的地方，便是影響室內布置印象的關鍵。譬如吊燈或掛在牆上的畫作、陳列在櫃子上的物品等。與視線同高必然會成為視覺焦點，稍加整理安排，可以提升空間的印象。

軟裝布置的祕訣②

裝飾有「垂直」、「立體」、「平面」三種要素

影片延伸參考！

展示的經典技巧之一：高低差的理論

如果把桌面或收納櫃上方的陳列空間布置很漂亮時，整個空間就會呈現出洗練而高貴的氣氛。不過，如果完全不考慮如何裝飾的方式，只是隨意擺放自己喜歡的東西，很容易給人一種凌亂的印象。

在進行陳列時，有一些重要的基本原則。就是將高、中、低三個高矮不同的要素組合搭配，藉由「垂直」、「立體」、「平面」創造出「三角構圖」。也就是說，透過組合這三種要素，以三角形般的配置，就能形成富有整體感的美麗構圖。三角構圖可說是室內布置最經典的技巧之一。只要學會這個技巧，每個人都能輕鬆達成美好的布置效果。

另外，想要在收納架上展示小物品時，可以使用「分組」的技巧，也很有幫助。譬如，將高、中、低三樣東西擺在托盤上，排列成三角形的陳列方式，就能完成富有立體感的美觀擺設。

MURMURATIONS
SORT SOL

ALLUMETTES

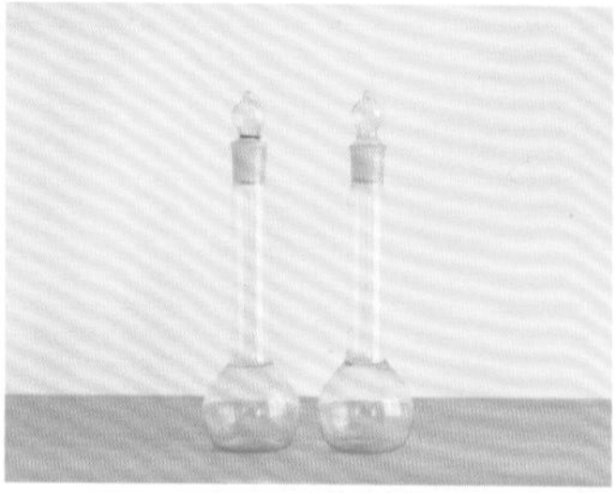

立體物件

- 花瓶
- 桌燈
- 藝術品、裝飾品、花器等

垂直物件

- 海報
- 畫框
- 直立的書本等

平面物件

- 托盤
- 平放的書
- 廚房布巾等

以三點形成三角構圖

藉由三個要素，塑造出陳列的立體感與安定感

構成美麗陳列的基本要素是「三角構圖」，也就是要包含「垂直」、「立體」、「平面」三個元素。每種元素究竟要搭配什麼？如何安排才好呢？

有高度的垂直物件，可作為三角構圖的背景，例如畫作與海報也有同樣的作用。光是這樣還有點冷清，可以搭配高度中等的立體物件，增添豐富度。此外，再加入高度較低的平面物品，通過這三種不同高度的物品自然形成三角構圖，營造出立體感，形成美麗的陳列效果。在擺設時，可將這三種要素漸漸重疊般，但前後稍微保持些許間隔，這樣會更有立體感。

運用分組，將雜貨整理歸類

藉由群組擺放技巧 將生活雜貨陳列得更好看

像文具或化妝用品等生活雜貨，以及為了陳列而購買的小物品等，究竟該擺在哪裡？光是把它們一起堆放在架子上，可能容易給人凌亂的感覺，即使其中擁有很美的物品，也無法展現優點。這時有個很好用的祕訣，就是「群組擺放」技巧。群組擺放是將小物品分類整理後擺放，並讓它們看起來更美觀的技巧。首先，準備好布置的區塊，並將雜貨放在一起，立刻就形成井然有序的整體感。

例如，將日常使用的小物品或保養品按主題整理到木製托盤上，就可以呈現出整齊俐落的效果。另外，把黃銅製的盤子擺在玄關，擱置鑰匙或飾品很方便。將桌子上的筆和工具整理在一起也是個不錯的選擇。一旦決定日用雜貨擺放的位置，就不會找不到東西，也不會散落各處，而且還有裝飾效果，可說是一石二鳥的陳列技巧。

影片延伸參考！

如果沒有經過群組擺放，只是將小東西排列出來，整體的印象會很凌亂，無法呈現出每件小東西的魅力。

以托盤為舞台的群組搭配陳列。在托盤中依然追求三角構圖，陳列時表現高低差，於是呈現出整體感與立體感，表現美觀的陳列效果。

以平坦帶有厚度的木塊藝術品代替托盤，形成一種群組展示舞台。

同樣也是以木製托盤為背景，襯托群組搭配陳列，充分展現生活雜貨的特性。

軟裝布置的祕訣③
Repetition！
活用「重複」的效果創造一體感

影片延伸參考！

藉由「重複」的技巧讓空間呈現統一感

「repetition」就是「重複」的意思。作為室內布置的技巧，就是在空間裡反覆採用相同的要素，形成協調的印象。

聽起來似乎有些困難，但是方法相當簡單。只需有意識地在空間各處重複運用「同樣的色彩」或「同樣的形狀」、「同樣的質感」、「同樣的材質」等特定的要素。譬如，在空間裡擺放幾盆觀葉植物，就是重複運用植物這種材質、綠色葉片的技巧。

重複對於陳列也有幫助。在裝飾桌面或收納櫃時，藉由選擇相同色彩、材質、形狀、質感的物品，可以塑造出一致性。

只要瞭解這個技巧，就會意識到選擇物品的「法則性」。為室內布置的裝飾軟件限制範圍，會更容易作出選擇。最後就能減少失敗的購物，打造出有一致性的空間。

Piet Mondrian

12B

藉由重複呈現整體感

透過具有共通性的家具或單品讓空間看起來更俐落

藉由重複運用相同的色彩、形狀、質感、材質，形成一致的感覺。只要採用這種技巧，即使空間裡布滿各種家飾品，也不會造成凌亂的印象。

譬如統一毯子、抱枕、地毯等織品的色彩，或是像邊几、餐桌、立燈等家具採用相同色調的木製品。另外也建議在多處運用天然材質的籐籃，譬如容納觀葉植物的花盆，或是收納雜物。

相同的材質

將不同的籐編籃子放在床鋪周遭提供收納，形成統一感。

相同的色彩

譬如米色的抱枕、毯子、地毯，淺棕色的家具等，重複運用同樣的色彩。

相同的形狀

連續在三個相同的玻璃花瓶放入乾燥花。如果只有一只，感覺有點單薄也不太顯眼，藉由重複可以變得更豐富。

相同的質感

重複放置質感類似，形狀與尺寸不同的花瓶，不僅具有一致性，也會帶來韻律感。

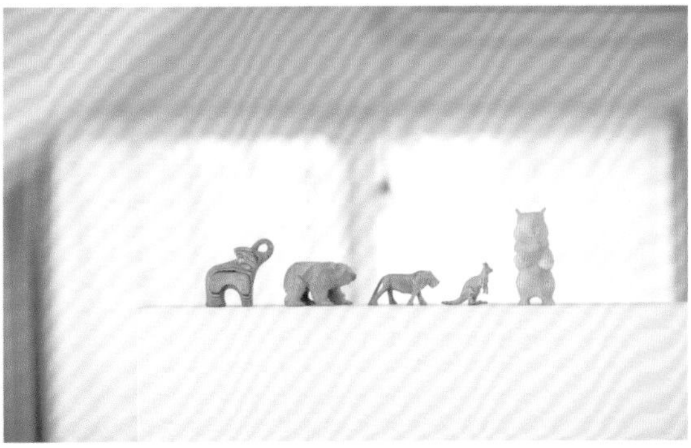

基本的均等配置

等距離排列小動物裝飾品的陳列。原理很簡單，這裡除了均等配置，也運用了群組搭配、重複陳列的技巧。

三角形的均等配置

這裡的陳列，包括由書與花器、小型裝飾物所構成的大三角形構圖，以及由兩只花瓶所構成的小三角形。在左邊花瓶構成的小三角形，就可以嘗試等距離排列。

將大三角形構圖要素之一的花瓶，改為等間隔並排的三個花瓶。藉由搭配三角構圖與均等配置，提升複雜度，展現更有魅力的陳列。

影片延伸參考！

採取均等配置

三角構圖＋均等配置技巧呈現更洗練的效果！

「均等配置」與「三角構圖」（請參照134頁）同屬於經典的陳列技巧之一。均等配置也是利用重複陳列的布置方法。具體來說，就是運用三個以上的相同玻璃花瓶或收納罐、容器等，等距離擺放裝飾，以創造一個井然有序的美觀陳列。即使陳列的物品並不完全相同，但只要顏色或質材、大小相近，排列起來就不會有違和感，而是形成一個統一感強烈、整潔有序的陳列效果。如果陳列的是花瓶，再搭配上不同種類的植物或花材，會顯得更加迷人。

影片延伸參考！

影片延伸參考！

Column

瞭解木製家具的表面塗層

可看出木質經年變化的護木油保養與不需要維護的ＰＵ漆面處理

在本書100頁曾解說木製家具質材的差異，接下來我們再稍微認識木製家具的表面塗層。

就像家具的質材有所區別，家具表面的加工也有分不同種類。其中最具代表性的是護木油、ＰＵ漆面、亮光漆面。

護木油是在木質塗上植物性油脂的方法。因為沒有在木質表面形成膜，所以不會影響木材的風貌與特性。可以觀察木質隨著時間的變化，也是一項優點。保護家具的效果不如ＰＵ漆面塗層，因此必須定期保養。另一方面，PU漆面塗層與亮光漆面塗層是運用樹脂或溶劑在木質表面形成膜，雖然保護力強，卻也會減損木質的風貌。

所以隨著表面塗層不同，處理方式與氣氛也會有所差異。為了選擇適合自己生活方式與喜好的家具，先瞭解其中的差異。

護木油塗層

這是一種抹上亞麻仁油或橙油等植物性油脂的保護方法。藉著塗油，可以凸顯美麗的木紋。由於沒有在木質的表面形成膜，木頭可以持續呼吸。在空氣乾燥時將水分釋出，在濕度高時則會吸收水氣。

這方法雖然擁有美觀、可以感受經年變化的優點，然而對汙垢較為敏感，特別是像桌子面板容易滲入鍋碗留下的水漬影響。同時，會有受到撞擊而容易留下痕跡等問題。由於必須每半年上一次保養油，適合偏愛木質經年累月的變化且比較講究生活質感的族群。

POINT

- 可以直接體會木料的質感
- 感受經年變化的風貌
- 不耐髒汙與水分
- 必須持續保養

PU漆塗層

藉由聚氨酯塗料在家具表面形成膜的加工方法。可以保護木質免受水分與髒汙的侵襲。像桌面等容易弄髒的地方只要擦拭就能變得很乾淨。對於處於育兒階段、容易弄髒或撞到家具的家庭，可說是很適合的選擇。

另一方面，由於木料的表面以膜徹底包覆，難以體會木質的觸感。特徵是表面有光澤，不過近年來也有比較不會反光，類似啞光的產品出現。由於不會反映經年累月的變化，可以長期保持新品般的外觀。一旦PU漆開始剝離，基本上家具就該換新了。

POINT
- 耐髒汙與水
- 多半富有光澤
- 不會顯現經年累月的變化

亮光漆塗層

藉由讓溶劑揮發，在木質表面形成膜的方法。對於木材的保護力介於PU漆與護木油之間。不適合容易有水與汙漬的地方，所以適合收納櫃這類家具。

這是在舊時和式家具常見的塗層種類，如果亮漆出現剝離的狀況，可以再度上漆，因此常用於舊家具的更新。

POINT
- 可防汙（效果遜於PU漆塗層）
- 比較不會反光，無光澤的質感
- 不太會顯現經年累月的變化

護木油塗層家具的保養

施加護木油塗層的家具，保護的油脂會隨著時間淡化，家具也會漸漸失去光澤。藉由每半年重塗一次，可以保持美麗的狀態，也可以防止木質因乾燥而龜裂。方法很簡單，用布巾乾擦桌面後抹上油，接下來再乾擦一次，放置在通風良好的地方大約半天，就完成了。在家裡實際使用這類家具的民眾表示，其實只要習慣了，就不會覺得很費工夫。

PART

05

實踐空間設計的創意

在最後一章，是創意運用的部分。

我們將介紹各式各樣的空間

如何應用了前面所解釋的理論來落實！

包括：一個人住的空間、全家一起生活的空間。

有北歐風格的清爽空間，也有古典色彩強烈的空間。

各位不妨當作打造你個人風格空間的參考。

001 只需白色牆面、木質原色地板就是最好的開始

1

3

2

4

1白色木質地板×白色牆面的空間。基調以白色統一，襯托古董家具與小飾品。2自然原木色地板×白色牆面的餐廳。由於大面積的窗戶採用天然材質的窗簾，與白牆合而為一，空間感覺變得更寬闊。3 白牆×深咖啡色的門框，搭配深色的家具，塑造出復古風的空間。4鋪上大片的地毯，遮蔽地板本身帶來的印象。

2

1

002 大面積的室內布置元素，請注意色彩的統一

1淺灰色的地毯跟百葉窗的色調相同，藉此營造空間的整體感。也可以讓原本的小空間感覺更寬闊。2這裡藉由讓窗簾、地毯、沙發及抱枕的顏色統一，讓空間產生一致性。3即使在小坪數的獨立套房，床鋪的體積容易帶來壓迫感，藉由讓床、窗簾與地毯的色調統一，看起來比較不佔空間。

3

003

只要鋪上地毯
就能為空間帶來張力

2

4

3

5

1藉由在餐廳鋪上地毯，區分用餐空間，帶來變化。2圖案較複雜的民族風地毯，只要選擇色調比較柔和的製品，就能增添適當的變化。3摩洛哥風格的地毯，可以為空間帶來點綴。4鋪上天然材質的地毯，可以增添用餐的情趣。5運用比沙發寬的大型地毯。無色彩的幾何圖形也很清爽。

004

花色圖樣OUT！窗簾首重天然材質、尺寸適中

1 大片落地窗採用天然材質的窗簾，陽光灑落映照的植物投影看起來會更美。2 採用尺寸剛剛好的窗簾，帶來清爽俐落的印象，也可以作為襯托家具的背景。3 使用跟窗戶尺寸相符的窗簾，不僅視覺效果美觀，也能調節光線與冷氣。

1 2 建議一定要在臥室擺床頭燈。選擇有質感的燈罩，散發出柔和的光，可營造出讓人放鬆的空間。3 香氛蠟燭搖曳的火焰、薰香器散發出來的香氣，能讓人身心舒緩。

1

2

005 調節光量，營造配合作息需求的場所

3

006

一盞燈絕對不行！用多燈照明打造有景深的空間

1 吊燈×立燈×桌燈的搭配，每一種光源都不會過亮，藉由柔和的照明組合，襯托出讓人可以久待的用餐空間。2 臥室也是多燈照明，在入睡前為了讓心情放鬆，適合柔和的照明組合。如果裝設智慧燈泡，可以在臨睡前透過智慧型手機把所有的燈關掉。

007 不疲勞的住宅！必需的亮度為每坪15～20瓦

1如果客廳太亮，很難讓人覺得自在，因此可以計算適度的光量，安排多處照明。2即使是小坪數的獨立套房，藉由多燈照明也可以打造成令人放鬆的場所。3以溫暖的黃光柔和地映照著空間。天花板燈採用透明的玻璃製燈罩，讓空間更能感受到燈泡色照明的效果。

008 白光好？黃光好？將燈光的色調統一選擇暖色調

1

009

空間角色大不同！

客廳用天花板燈，餐廳選吊燈

2

1客廳的燈具採用輕巧的天花板照明，這樣頭部絕對不會撞到。而且這樣的照明會讓空間沒有壓迫感，感覺更寬闊。2在餐桌的正上方設置吊燈。令人印象深刻的燈具造型，也將成為空間裡吸引目光的焦點。

1 經年使用的餐桌，與有段光陰的Y-Chair。這些家具都因為時間的變化，顯現出較暗的色調。2 客廳、餐廳、廚房的家具統一為偏暗略帶灰的色調。深棕色的桌子與鏡子、暗卡其色的沙發，全部採用較深的大地色彩，予人洗練印象。

1

2

010

掌握低彩度、中性色原則，選配色調一致的家具

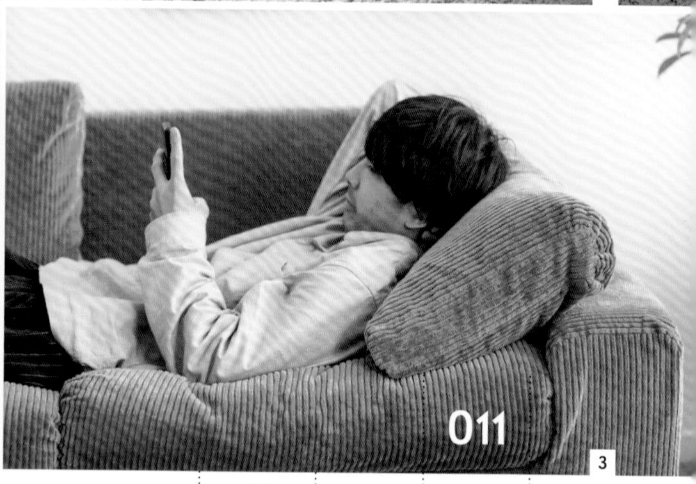

011 選擇「設計簡單」的沙發，其他交給軟件單品點綴

1 2 4 簡單的素色沙發，利用抱枕作為點綴。不是採用數個相同的抱枕，而是搭配織紋別致與無圖案、大小不同的抱枕帶來變化，達到更完美的效果。3 抱枕不僅可供欣賞，也能提升沙發的舒適度。

012 最高段的選椅方式是「混搭」

1

3

2

4

1以多張經典椅搭配在一起。即使採用不同造型的椅子，藉由相同的木質與色調仍然能保持一致性。234兩人用的餐桌，因應用途的區分，可以搭配不同椅子，藉由相同的色澤與木質，就能維持一致性。

1

2

3

013 瞭解最理想的餐桌尺寸

1家中有兩個小孩的四人家庭所使用的餐桌。考量到將來的變化，選擇較長的桌面，藉此保有家人對話的空間。2 3如果是兩人用的餐桌，由於用餐與工作都在同一個桌面，因此空間裡擺了較大的桌子。一張桌子可以配合多種用途，相當方便。

014

餐桌與椅子的最佳距離：高低差約26～30公分

1 3 餐桌椅的差距約26公分，餐桌的桌面較低。用餐後可以繼續愉快地談話。2 餐桌椅差距約30公分的圓桌與籐椅。在小坪數生活空間可以用同一張桌子實現喝咖啡、化妝、用餐等用途，因此不妨根據自己的需求決定桌椅之間的高低差。

015 收納是：展現「百分之二十」，隱藏「百分之八十」

4

1

5

2

6

3

1 2 3 附門的隱藏式收納，可以將不想展示的東西放在裡面，所以能讓空間呈現井然有序的印象。在收納櫃的上方，只擺出想展示的物品，可以成為視覺焦點。4 5 6 沒有門的開放式收納，擺設時彷彿就在陳列，要有意識地美化。不想曝露在視線範圍的各種物品，可以放在籃子裡達到遮蔽及收納的效果。

016

翻身的尺寸也要算！床鋪選比印象中大一號的尺寸

1在較大的床鋪上，孩子們可以自在地午睡。藉著將兩張單人床合併，形成家裡每位成員都能在上面躺臥翻身的床鋪。未來也預期把床鋪分開來，作為兒童床使用。

1

2

1

017 藉由軟件裝飾增添風情

1 2 在簡單的層架上，擺放藝術創作、裝飾物等印象鮮明的物品，構成空間裡的視覺焦點。以木質的色調為主，搭配玻璃或金屬等不同材質，創造可供欣賞的一隅。

018 使用帶有歲月痕跡的老物件，賦予空間深度

1 幾件古董家具布置客廳一隅。在古董家具上，陳列著從跳蚤市場找來的舊時生活雜貨。在花器裡插上乾燥花，更有復古的風情。

1

019 選擇外觀會慢慢隨著時間產生韻味的物品

1在沙發旁放置籐編的雜誌架，增添空間的豐富度。2以植物纖維編成的籐籃，隨著時間過去顏色漸漸加深，細心地保存，將來可以傳給下一代。3大型的籐籃作為室內布置的擺設，也很有特色。

020 藉由織品的紋理賦予空間表情

1容易變得平淡無奇的床鋪，可以擺放織品作為點綴。在棉被上方擺抱枕，能帶來變化。在枕邊擺放圖樣令人印象深刻的抱枕，增添更多趣味。

021 善用植栽為空間增添立體感與層次感

1

2

3

4

5

[1]向下伸展的植物，適合垂吊欣賞，可以利用編織吊盆種在明亮的窗邊。[2]在難得的空間種點小盆栽，可以選擇質地特殊的花盆。[3][5]乾燥花可以插在花瓶裡欣賞。[4]餐桌擺上當季的花裝飾。[6]當季的枝材也可大膽活用。

6

022 用富有手感的物品帶來溫度

1

3

2

5

4

7

6

1～9手工編的籃子，用木頭刨成的器皿與家具、手工捏塑燒製的陶瓷器、陶器上裝飾的繁複釉藥紋理。從創作者與工匠手中誕生的作品，為空間帶來鮮明的特性，也增添情調。

9

8

023 為空間安排「視覺焦點」

1在入口處視線所及的位置放置高腳凳，並擺放畫作、花瓶、玻璃罩等別具特色的物品，形成視覺焦點。2在容易讓人覺得單調乏味的書房，放置畫作吸引目光。3餐廳的白牆容易讓人覺得冷清。藉由裝飾藝術品，成為聚集視線之處，也讓餐廳的印象更美。

1

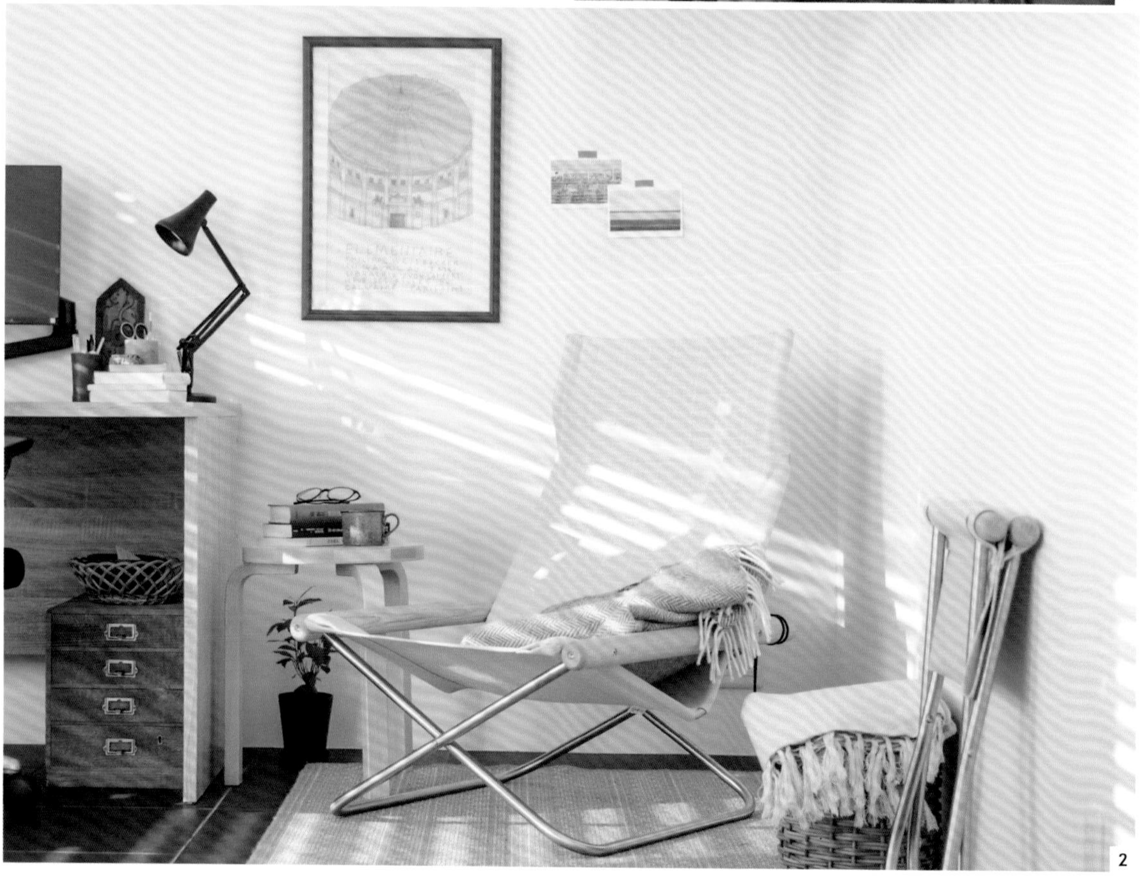
2

3

1

2

024 裝飾有「垂直」、「立體」、「平面」三種要素

3

4

5

6

7

1～7光是遵守「垂直、立體、平面」三要素的原則，就能輕易地在空間各處完成賞心悅目的擺設。如果搭配「分組」、「均等配置」等技巧，效果會更好。覺得對陳列不擅長的人，可以試著參考影片。

1

025 Repetition！活用「重複」的效果創造一體感

1 2 3 在收納家具的最上層擺放籐籃，中間擺籐框鏡子，再搭配籐椅，重複安排籐編製品出現。藉由讓同樣的元素一再出現，形成一致性，這是高手級的技巧。除此之外，像植物、玻璃等材質也重複出現。

2

3

京都職人教你家的軟裝法則：

絕不退流行！25個理論 × 83種實踐法打造越住越有味道的住家

ナチュラルヴィンテージで作る センスのいらないインテリア

作　　者　Re:CENO（リセノ）
文　　字　平沢千秋
攝　　影　中原智史、辻口將、岡朱美、佐藤稜己、濱田真也
製　　作　山本哲也 、岩部圭子、江上慈香、岡本健吾
翻　　譯　嚴可婷
封面設計　白日設計
內頁排版　詹淑娟
執行編輯　李寶怡
校　　對　吳小微
責任編輯　詹雅蘭

總編輯　葛雅茜
副總編輯　詹雅蘭
主　　編　柯欣妤
業務發行　王綬晨、邱紹溢、劉文雅
行銷企劃　蔡佳妘

發行人　蘇拾平
出版　原點出版 Uni-Books
Email: uni-books@andbooks.com.tw
新北市新店區北新路三段207-3號5樓
電話：（02）8913-1005 傳真：（02）8913-1056

發行　大雁出版基地
新北市新店區北新路三段207-3號5樓
www.andbooks.com.tw
24小時傳真服務（02）8913-1056
讀者服務信箱 Email: andbooks@andbooks.com.tw
劃撥帳號：19983379
戶名：大雁文化事業股份有限公司

ISBN　978-626-7338-85-8（平裝）
ISBN　978-626-7338-91-9（EPUB）
初版一刷　2024年03月
定　　價　630 元

版權所有・翻印必究（Printed in Taiwan）
缺頁或破損請寄回更換
大雁出版基地官網：www.andbooks.com.tw

國家圖書館出版品預行編目(CIP)資料

京都職人教你家的軟裝法則：絕不退流行！25個理論 × 83種實踐法打造越住越有味道的住家
Re:CENO（リセノ）著/嚴可婷 譯. – 一版.
-- 新北市 : 原點
出版 :大雁出版基地發行, 2024.03
176面 ; 19X26公分
ISBN 978-626-7338-85-8(平裝)

1.CST: 家庭布置　2.CST:室內設計
3.CST:空間設計

422.5　113002130

ナチュラルヴィンテージで作る センスのいらないインテリア
(Natural Vintage de Tsukuru Sense no Iranai Interior:7731-1)
© 2023 Re:CENO
Original Japanese edition published by SHOEISHA Co.,Ltd.
Traditional Chinese Character translation rights arranged with SHOEISHA Co.,Ltd.
through JAPAN UNI AGENCY, INC.
Traditional Chinese Character translation copyright © 202* by Uni-Books, a division of And Publishing Ltd.

空間布置協助（Re:CENO工作人員）

大場祐里子（採購）

岩部圭子（宣傳）

岡朱美（攝影）

清水真里奈（生產管理）

相馬直也（人事）

榎本昌平（福岡店長）

岩田佳奈（店經理）

江上慈香（宣傳）

中原智史（製作）

辻口將（攝影）

濱田真也（攝影）

山本由美子（負責人）

Re:CENO KYOTO

〒604-8226 京都府京都市中京區西錦小路町249
（京都・阪急烏丸站　徒步5分鐘）
075-253-1710
11：00～20：00（休週三）

Re:CENO TOKYO

〒158-0094 東京都世田谷區玉川3丁目9-3
（東急田園都市線　二子玉川站　徒步5分鐘）
03-5797-2278
11:00～20:00（休週三）

Re:CENO FUKUOKA

〒810-0042福岡縣福岡市中央區赤坂2丁目3-13
（福岡・地下鐵赤坂站　徒步10分鐘）
092-707-3650
11:00～20:00（休週三）